职业教育计算机网络技术专业"互联网+"创新教材

大学生网络安全教育

主　编　张平华　盛　凯　丁永红
副主编　贾万祥　马　坡　段　蔓
参　编　王　珺　邵　畏　王　婷　井　望
　　　　袁　飞　张　敬

U0280549

机械工业出版社

本书是安徽省教育厅高等学校省级质量工程项目高水平教材（项目编号：2022gspjc057），是由合肥职业技术学院和合肥数字奇安网络信息科技有限公司联合编写的校企合作教材。

全书共10个模块，分为上下两篇。上篇主要内容是网络安全技术基础，包括网络安全初体验、网络安全威胁、计算机病毒与木马防护、数据加密、网络安全防御技术、无线网络安全、个人网络安全防护；下篇主要内容是意识培养与行为规范，包括网络行为安全、行业网络安全和网络安全法律法规。通过学习本书，读者可以掌握网络安全的基础知识，了解网络安全威胁和攻防技术，学习数据加密和网络防御技术，掌握无线网络安全和个人网络安全防护的方法，同时对行业网络安全及网络安全法律法规有所了解，为未来在互联网环境中的工作和生活提供有效的保障。

本书既可以作为计算机网络技术、信息安全技术应用等相关专业的教材，也可以作为全校信息安全公共基础课程的教材，还可以作为网络安全爱好者的参考用书。

本书配有电子课件等资源，选用本书作为授课教材的教师可登录机械工业出版社教育服务网（www.cmpedu.com）注册后免费下载或联系编辑（010-88379807）咨询，也可联系编者邮箱105698008@qq.com。

图书在版编目（CIP）数据

大学生网络安全教育 / 张平华, 盛凯, 丁永红主编.
北京：机械工业出版社, 2024.8. -- ISBN 978-7-111
-76116-7

Ⅰ. TP393. 08
中国国家版本馆CIP数据核字第20249UG174号

机械工业出版社（北京市百万庄大街22号　邮政编码100037）
策划编辑：张星瑶　　　　　　责任编辑：张星瑶
责任校对：韩佳欣　李　婷　　封面设计：严娅萍
责任印制：单爱军
北京虎彩文化传播有限公司印刷
2024年8月第1版第1次印刷
184mm×260mm · 13.5印张 · 325千字
标准书号：ISBN 978-7-111-76116-7
定价：45.00元

电话服务　　　　　　　　　　网络服务
客服电话：010-88361066　　机　工　官　网：www.cmpbook.com
　　　　　010-88379833　　机　工　官　博：weibo.com/cmp1952
　　　　　010-68326294　　金　书　网：www.golden-book.com
封底无防伪标均为盗版　　机工教育服务网：www.cmpedu.com

前　言

随着5G技术的发展与应用，在大数据、云计算、人工智能等核心技术的支持下，网络规模和应用日益增大，智能化集成度越来越高。在纷繁复杂的网络中，黑客攻击、木马、病毒等各种攻击手段层出不穷，我们在享受着网络带来的便利和快捷的同时，也面临着越来越多的网络安全隐患和风险。无论是个人、企业还是国家，在信息化时代，都需要重视网络安全并加强网络安全防范意识和技能。具备一定的网络安全意识和技能，不仅可以保护个人信息和网络环境安全，还可以提升自身能力和市场竞争力。

本书是安徽省教育厅高等学校省级质量工程项目高水平教材（项目编号：2022gspjc057），由合肥职业技术学院和合肥数字奇安网络信息科技有限公司联合编写。

本书旨在为学生提供系统、全面的网络安全教育，帮助他们了解网络安全的基本概念、威胁与防范、数据加密、网络防御技术、无线网络安全、个人网络安全防护、网络行为安全、行业网络安全以及网络安全法律法规等内容。帮助学生建立起对网络安全的基本认识，掌握网络安全的基本原理和技术，并提供相关的实训任务和案例分析，使其在面对各种网络安全威胁时能够做出正确的反应和处理，确保自身和他人的网络安全。

本书分为上下两篇，上篇主要学习网络安全的相关技术，下篇着重进行网络安全意识培养与行为规范。每个模块根据所学内容设有学习目标、知识准备/知识学习、实训任务（上篇设置）、拓展阅读、课后思考与练习等部分，旨在帮助学生系统地学习与掌握网络安全知识，让学生能够通过实践加深对理论知识的理解，提高自己的网络安全应用能力，并通过下篇的内容，培养学生的网络安全意识。

本书由张平华、盛凯、丁永红担任主编；贾万祥、马坡、段蔓担任副主编，参与编写的还有王珺、邵畏、王婷、井望、袁飞和张敬。其中，模块1由张平华、王珺编写，模块2和模块8由段蔓、王婷编写，模块3由盛凯编写，模块4和模块5由邵畏、丁永红编写，模块6和模块7由贾万祥编写，模块9和模块10由张平华、马坡、井望编写，合肥数字奇安网络信息科技有限公司的袁飞、张敬为教材的编写提供案例支持和技术咨询服务。全书由张平华统稿。

在本书编写过程中，编者参阅了相关技术资料，并得到所在学院和相关企业的大力支持，在此一并表示感谢。

由于编者水平有限，书中难免有不足之处，敬请读者批评指正。

编　者

目　　录

目录

上篇 网络安全技术基础

模块1 网络安全初体验

学习目标

- 培养团队合作的精神。
- 提升网络安全意识。
- 了解常见的漏洞平台。
- 理解网络安全和黑客等基本概念。
- 理解网络安全主要内容与灾难恢复等。
- 掌握Windows系统备份与恢复技术。
- 掌握渗透测试的步骤和网络扫描的方法。

计算机网络在信息的采集、存储、处理、传输和分发中扮演着至关重要的角色，改变了传统时间和空间的概念，对社会的各个领域都产生了影响，推动着社会朝着信息化的方向迈进。通过网络，多台计算机可以方便地交换信息、共享资源和协同工作，为人们提供了无限的可能性。

网络的发展加强了人与人之间的联系，不仅改变了工作方式，也深刻地改变了生活方式。然而，虽然网络是极为宝贵的资源，但网络世界同样需要遵循一定的规则和准则。

信息安全是数字化时代所面临的重要挑战之一，涉及的范围极为广泛。随着互联网的普及和信息技术的快速发展，个人和组织的数据安全正面临着日益严峻的威胁。因此，了解网络安全的基本原理和实践方法对于保护个人和组织的数据安全至关重要。通过学习网络及网络安全的基础知识，能更好地理解和应对网络安全方面的挑战，从而有效地保护个人和组织的数据安全。

在本模块中，我们将重点讨论网络安全的基本概念和主要内容，包括数据备份与恢复、黑客攻击、渗透测试以及常见漏洞平台。通过实际任务，加深对网络及网络安全的理解，帮助读者更好地保护个人和组织的数据安全。

本模块知识思维导图如图1-1所示。

图1-1 模块知识思维导图

知识准备

1.1 网络安全的概念

1.1.1 网络安全定义

网络安全，是指通过采取各种安全技术和安全管理等必要措施，防止对网络的攻击、破坏、非法入侵、更改、泄露及使用，确保网络正常安全、稳定、高效地运行，从而保障网络数据的完整性、可用性和保密性的能力，涵盖网络设备、网络设施、网络运行、数据和信息等安全。

国际标准化组织（International Organization for Standardization，ISO）对计算机网络安全的定义：为保护数据处理系统而采取的技术和管理的安全措施。保护计算机硬件、软件和数据不会因偶然和故意的原因而遭到破坏、更改和泄露。

网络安全是一个综合利用数学、物理、通信、计算机、管理等诸多领域成果的交叉领域，它可分为狭义安全和广义安全两个层次。

从狭义上说，网络安全是信息处理和传输的安全。计算机及网络系统资源和信息资源不受自然和人为有害因素的威胁和危害，即计算机、网络系统的硬件、软件及其系统中的数据受到保护，不因偶然或恶意的原因而遭到破坏、更改、泄露，确保系统能连续可靠正常地运行，使网络服务不中断。

从广义上说，网络安全包括网络硬件资源和信息资源的安全性。硬件资源包括通信线路、通信设备（包括交换机、路由器等）、主机等，要实现信息快速、安全地交换，一个可靠的物理网络是必不可少的。信息资源包括维持网络服务运行的系统软件和应用软件，以及在网络中存储和传输的用户信息数据等。

1.1.2　网络安全的基本要素

网络安全的基本要素包括机密性、完整性、可用性、可控性、可审查性等。其中，机密性（Confidentiality）、完整性（Integrity）和可用性（Availability）是网络安全的三个核心安全要素，即CIA。

（1）机密性

机密性主要指信息不泄露给非授权用户、实体或过程，或供其利用的特性。它不仅包括国家机密，也包括企业和社会团体的商业机密和工作机密，还包括个人信息。保护机密信息的方法包括加密、访问控制等，从而确保网络中的信息不被非授权实体（包括用户和进程等）获取与使用。

（2）完整性

完整性主要指数据未经授权不能进行改变的特性，即信息在存储或传输过程中保持不被修改、不被破坏和丢失的特性。

网络安全完整性包括数据完整性、软件完整性、操作系统完整性以及磁盘完整性四个方面，而且只能以授权的方式修改，保证在存储或传输过程中数据不丢失、不被破坏，主要由消息摘要和加密技术保证。

（3）可用性

可用性主要指网络信息可被授权实体正确访问，并按要求能正常使用或在非正常情况下能恢复使用的特性。可用性能确保授权的用户在需要时能访问信息，保护合法用户对信息和资源的使用不会被不合理拒绝。实现可用性保护的基本方法包括负载均衡、冗余、备份等。

（4）可控性

可控性主要指对流通在网络系统中的信息传播及具体内容能够实现有效控制的特性。常常体现在人们对信息的传播路径、范围及其内容所具有的控制能力，即不允许不良内容通过公共网络进行传输，使信息在合法用户的有效掌控之中。网络的可控性主要由基于PKI/PMI的访问间控制技术保证。

（5）可审查性

可审查性也称为不可否认性，信息的发送者（接收者）无法否认已发出（接收）的信息内容。无论是否授权，事后都应该是有据可查的，它通过审计的方式，对各类网络事件做好跟踪和记录，以便对出现的安全问题进行调查和提供依据。

审计主要是使用日志记载网络上发生的各种信息访问情况，并定期统计分析日志。网络管理人员利用审计的手段对网络资源的使用情况进行事后分析，同时也可以发现和追踪安全事件。审计的主要目标为用户、主机和节点，主要内容为访问的主体、客体、时间和成败情况等。

1.1.3 网络安全风险评估

网络安全风险评估是指依据国家有关的政策、法律法规和信息技术标准，运用科学的方法和手段，对网络系统、信息系统和网络基础设施进行全面评估，以确定存在的安全风险和威胁，并量化其潜在影响以及可能的发生频率，从而对网络在机密性、完整性和可用性等安全要素下面临的风险进行科学、系统、公正的综合评估。网络安全风险评估还可以帮助企业了解其网络安全状况，识别潜在的安全漏洞和威胁，并为采取有效的安全措施提供基础。

网络安全风险评估是网络安全管理的基本手段，也是网络安全管理的核心内容。《中华人民共和国网络安全法》第十七条规定，国家推进网络安全社会化服务体系建设，鼓励有关企业、机构开展网络安全认证、检测和风险评估等安全服务。

网络安全风险评估工作是一项系统工程，通常从网络安全风险评估要素、网络安全风险评估流程、网络安全风险值三方面进行评估。

1. 网络安全风险评估要素

网络安全风险评估主要包括以下几个要素：

1）资产：指企业的所有有价值的资源，如硬件、软件、数据和人员等。

2）威胁：任何可能发生的、针对企业或某种特定资产带来不良结果的行为。

3）脆弱性：资产中的弱点或缺陷。

4）安全措施：为了保护资产免受威胁而采取的措施，如防火墙、加密和访问控制。

5）风险：信息资产遭受损坏并给企业带来负面影响的潜在可能性。

此外，网络安全风险评估还需要考虑数据处理活动、数据安全管理和技术等方面。例如，数据的收集、存储、使用、加工、传输、提供、公开和删除等活动都可能带来安全风险。因此，企业在进行网络安全风险评估时，不仅要关注技术层面，还要考虑管理和业务流程中可能存在的风险。

2. 网络安全风险评估流程

网络安全风险评估是一种依据有关信息安全技术和管理标准，对网络系统的保密性、完整性、可控性和可用性等安全属性进行科学评价的过程。网络安全风险评估流程通常包括以下几个步骤：

1）确定评估目标：明确评估的目的、范围和预期结果，包括识别潜在的安全威胁、评估现有安全措施的有效性以及为改进安全提供建议。

2）收集信息：收集与评估目标相关的信息，包括系统架构、网络拓扑、硬件和软件配置、访问控制策略等。此外，还需要了解企业的业务流程、员工职责和安全政策。

3）识别潜在威胁：根据收集到的信息，识别可能对企业造成损害的潜在威胁。包括内部和外部的威胁，如恶意软件、网络钓鱼、社交工程等。

4）评估脆弱性：分析已识别的威胁对企业的潜在影响，以及企业当前的安全措施是否足以抵御这些威胁，包括对系统漏洞、配置错误、访问控制不足等方面的评估。

5）评估风险：根据脆弱性和威胁的严重程度，评估各种风险的可能性和影响，计算网络安全风险值（安全事件发生带来的影响）。通常通过定量或定性的方法进行，如风险矩阵、风险评分等。

6）制定应对策略：根据评估结果，制定相应的应对策略，以降低风险至可接受的水平，包括加强访问控制、修复漏洞、提高员工安全意识等。

7）实施和监控：将应对策略付诸实践，并持续监控其效果，包括定期审查和更新安全措施，以确保其始终符合企业的需求和法规要求。

8）评估报告：基于评估结果，提供改进和加强网络安全的具体建议和措施。报告应详细描述评估方法、发现的问题、风险等级以及推荐的改进措施。

9）持续改进：网络安全是一个持续的过程，企业需要定期进行风险评估，以便及时发现新的威胁和脆弱性，并根据需要调整安全策略。此外，企业还应关注行业最新事件和法规要求，以确保其安全措施始终处于领先地位。

3. 网络安全风险分析方法

定性计算方法：将风险评估中的资产、威胁、脆弱性等各要素的相关属性进行主观评估，评估结果可定为：无关紧要、可接受、待观察、不可接受。

定量计算方法：将资产、威胁、脆弱性等量化为数据，再进行风险的量化计算，输出结果是一个风险数值。

综合计算方法：将各要素量化赋值，然后进行风险计算，输出结果是一个风险数值，同时给出相应的定性结论，如5（很高）、4（高）、3（中等）、2（低）、1（很低）。

4. 网络安全风险值

网络安全风险值通常是一个量化的指标，用于表示网络系统面临的安全威胁程度。这个值可以通过对网络中存在的各种安全风险进行评估和分析得出。

网络安全风险值的计算方法因不同的评估模型而异，但通常会考虑以下因素：

1）资产价值：网络系统中包含的关键资产的价值越高，其受到攻击的风险就越大。

2）威胁可能性：网络系统中存在的潜在威胁的可能性越大，其受到攻击的风险就越高。

3）漏洞严重性：网络系统中存在的漏洞越严重，攻击者利用这些漏洞造成损害的风险就越大。

4）安全措施强度：网络系统中采取的安全措施越强，其受到攻击的风险就越小。

通过对以上因素进行综合评估和分析，可以得出一个具体的网络安全风险值。这个值可以帮助组织或企业了解其网络系统的安全状况，并采取相应的措施来降低风险。

网络安全风险值=安全事件发生的概率（可能性）×安全事件损失，记为$R=f(Ep, Ev)$。其中，R为风险值；Ep为安全事件发生的可能性大小；Ev为安全事件发生后的损失，即安全影响。

例如，假设网站受到恶意攻击的概率为0.6，经济影响为10万元，那么该网站安全风险量化值为6万元（10×0.6=6）。

1.2 网络安全的主要内容

网络安全主要包括网络物理是否安全、网络平台是否安全、系统是否安全、信息数据是否安全、管理是否安全等方面。

1.2.1 物理安全

物理安全，也被称为实体安全，是指计算机网络设备、设施免遭水灾、火灾等环境事故和电源故障、人为操作失误或错误等导致的损坏，以及计算机犯罪行为的防护，是整个网络系统安全的前提。物理安全的主要层面包括环境安全（例如区域保护和灾难恢复），设备安全（例如设备的防盗、防毁、防电磁信息辐射泄漏、防止线路截获、抗电磁干扰及电源保护等），以及媒体安全（包括媒体数据的安全和媒体本身的安全）。

在具体实施上，物理安全需要保证网络系统和计算机有一个安全的物理环境，包括对接触计算机系统的人员有一套完善的技术控制手段，如设置机房进出权限，使用门禁系统等；还包括对自然事件和环境条件可能给计算机系统造成的威胁加以规避，例如安装防火、防水和防盗设备，控制环境的温度、湿度、灰尘、震动等。

1.2.2 系统安全

系统安全是确保网络和信息系统正常运行的关键。通常是对操作系统和网络设备的漏洞进行及时修补和更新，防止黑客利用已知的漏洞进行攻击；实施访问控制策略，限制用户对敏感信息的访问权限，并定期审查和更新密码以增加账户的安全性。另外，防火墙、入侵检测系统和反病毒软件等技术工具也是保护系统安全的重要手段。

计算机系统的安全等级是根据其安全保护能力来划分的。根据GB/T 17859—1999《计算机信息系统安全保护等级划分准则》和GB/T 20272—2019《信息安全技术 操作系统安全技术要求》，计算机信息系统安全保护能力等级分为五个，从低到高分别是：用户自主保护级、系统审计保护级、安全标记保护级、结构化保护级和访问验证保护级。

1）用户自主保护级。该等级的计算机系统对用户行为的控制非常有限，仅提供基础的安全防护措施，主要安全保护依赖于用户自身，适用于普通内网用户，例如个人计算机。

2）系统审计保护级。该等级的计算机系统主要用于进行信息系统审计和管理，需要实施访问控制和审计跟踪等安全功能。

3）安全标记保护级。该等级适用于需要对主体和客体数据进行安全标记的信息系统，以实现强制访问控制。

4）结构化保护级。该等级的计算机系统主要针对具有严格安全需求的高端应用，计算机系统需要实施最小特权原则和安全域划分，如军事指挥系统、金融交易平台等。

5）访问验证保护级。最高级别的安全保护，需要通过访问控制和身份验证来实现对主体和客体的安全保护。该等级的计算机系统用于处理国家安全和社会稳定等重大问题的关键信息系统。

此外，在美国可信计算机系统评估标准中，将计算机系统的安全等级分为了4类7级，包括D、C1、C2、B1、B2、B3和A这7个级别。

1.2.3　应用安全

应用安全是信息安全的一个重要组成部分，主要是保护计算机应用程序免受各种威胁，防止应用程序遭受恶意攻击或误操作导致的数据泄露、数据损坏等问题。这些威胁可能来自恶意软件、黑客攻击、未经授权的访问等。通常涵盖以下几个方面：

1）漏洞防范：对硬件、软件、协议等在系统配置或者安全策略上的不足，及时修补漏洞。

2）软件开发生命周期：从需求分析到软件退役的整个过程中安全问题的处理。

3）软件安全监测技术：对运行中的软件进行监测，发现并处理安全问题。

4）软件安全保护技术：通过加密、身份认证、访问控制等技术手段保护软件的安全。

5）恶意程序的传播方法及防范：了解恶意程序如何传播，以及如何防止其传播。

6）Web应用威胁与防护：对Web应用的各种可能威胁进行分析，并提出相应的防护措施。

应用安全需要采取一系列的防护策略和技术手段，如安装防火墙、入侵检测系统（IDS）、虚拟专用网（VPN）等技术手段，并对网络设备和系统进行安全管理。同时，还需要制定和执行信息安全政策，进行风险评估和管理，以确保组织的业务能够在各种意外情况下继续运行，并能够及时恢复受损的系统和数据。

1.2.4　管理安全

管理安全是信息安全的重中之重，是信息安全技术有效实施的关键。信息安全管理包括制定信息安全政策、规范信息安全行为、建立信息安全管理体系等。其中，信息安全政策是企业信息安全管理的基础，它规定了企业对信息资产的保护措施和管理要求。规范信息安全行为则是通过制定相关规章制度和操作规程，明确员工在处理信息资产时应该遵守的行为准则。建立信息安全管理体系则是将信息安全政策和规范落实到实际操作中，确保信息资产得到有效保护。

信息安全管理需要注重人员培训和意识教育。企业应该定期组织员工参加相关的安全培训和演练活动，提高员工的安全意识和应对能力。

信息安全管理需要不断进行系统评估和改进，及时调整和完善信息安全管理体系，以应对新的挑战和风险。

信息安全管理需要定期进行安全审计和检查，发现并解决潜在的安全问题，确保信息安全管理工作的持续有效性。

信息安全管理需要建立健全应急预案和响应机制，以应对突发事件的发生。在发生安全事故时，企业应迅速响应并采取有效的措施进行处理，减少损失和影响。同时，还应该建立跨部门的沟通渠道和协调机制，确保信息的及时传递和共享，提高应急响应的效率和准确性。

1.3 数据备份与恢复

1.3.1 数据备份的概念

数据备份是指为防止系统出现操作失误或系统故障导致数据丢失，而将全部或部分数据集合从应用主机的硬盘或阵列复制到其他存储介质的过程。传统的数据备份主要是采用内置或外置的磁带机进行冷备份。现代的数据备份通常会使用云存储、网络存储等技术来实现远程备份和恢复。

常用的数据备份方式有三种：完全备份、差异备份以及增量备份。

1）完全备份（Full Backup）：将所有数据全部备份，可以保证数据的全面备份。但是这种备份数据量最大，完成一次备份时间长，不适合频繁进行，一般用于首次备份。

2）差异备份（Differential Backup）：备份自上一次完全备份之后有变化的数据。备份数据量小，适用性强。在恢复时，只需对第一次全备份和最后一次差异备份进行恢复。

3）增量备份（Incremental Backup）：每次只需备份与前一次相比增加或者被修改的文件，备份速度较快。

1.3.2 Windows系统备份与还原

1. 系统备份

1）在计算机中打开"控制面板"，选择"系统和安全"命令。

2）在左侧菜单中选择"备份和还原（Windows7）"。

3）单击"创建系统映像"按钮，启动系统映像备份向导。

4）在"备份和还原"页面，选择将备份保存在何处。可以选择将备份保存在本地磁盘、DVD或者网络上，下面以选择"在硬盘上"为例。

5）选择需要备份的驱动器。如果只有一个硬盘，则会默认选中它。如果有多个硬盘，则选中包含系统和数据的硬盘。

6）确认无误后，单击"下一步"按钮，然后选择"让我选择"以自定义备份设置。

7）在接下来的页面中，可以选择是否要备份系统设置和文件。建议选中所有选项以确保完整备份。

8）单击"下一步"按钮，为备份任务命名并选择一个保存位置。然后单击"保存设置并运行备份"按钮开始备份。

9）等待备份完成，这个过程可能需要一些时间，具体取决于数据量的大小。完成后可以看到一个提示框，表示备份已成功完成。

2. 系统还原

1）在计算机中打开"控制面板"，选择"系统和安全"命令。

2）在左侧菜单中选择"备份和还原（Windows7）"。

3）单击"恢复我的文件"按钮，启动文件恢复向导。

4）在"选择一个备份"页面，选择要恢复的文件所在的备份。如果只有一个备份，则会默认选中它。如果有多个备份，则选择包含所需文件的备份。

5）选择需要恢复的文件类型。下面以选择"让我选择"为例，自定义恢复设置。

6）在接下来的页面中，可以选择需要恢复的文件或文件夹。选择想要恢复的所有文件或文件夹，然后单击"下一步"按钮。

7）在接下来的页面中，可以选择将恢复的文件保存到何处。可以选择将其保存在原始位置或指定一个新位置。

8）确认无误后，单击"恢复"按钮开始恢复。这个过程可能需要一些时间，具体取决于所选文件的大小和数量。完成后可以看到一个提示框，表示恢复已成功完成。

1.3.3 个人数据的备份

用户在使用计算机的过程中，数据因误删、网络攻击、入侵、电源故障或者操作失误等状况发生丢失或损坏时，可以通过备份进行数据的完整、快速、便捷和可靠的恢复，保障系统的正常运行。个人数据的备份是指将个人数据复制到另一个存储介质中，以防止原始数据丢失或损坏。以下是一些常见的个人数据备份方法：

1）外部硬盘备份：将个人数据复制到外部硬盘中，以便在需要时进行恢复。

2）云备份：将个人数据上传到云存储服务中。

3）家用网络附加存储（NAS）备份：将个人数据复制到连接家庭网络的存储设备中。

4）光盘备份：将个人数据刻录到CD或DVD上，以便在需要时进行恢复。

1.3.4 灾难恢复

灾难恢复（Disaster Recovery，DR）是一种策略和流程，用于规定组织如何应对破坏性事件，包括自然灾害（如海啸、地震、洪水或飓风）、设备故障（断电、硬盘故障、物理损坏等）、人为错误（如意外删除数据或丢失BYOD设备）、工业事故、内部人员恶意破坏以及来自外部网络的攻击（如DDoS、SQL注入、勒索软件攻击等）等。

灾难恢复的主要目标：尽快将受影响的系统恢复到运行状态，以及在发生灾难性事件或计划内停机后尽可能减少数据丢失。评价信息系统灾难恢复能力的两大技术指标是恢复时间目标（Recovery Time Object，RTO）和恢复点目标（Recovery Point Object，RPO）。

1）恢复时间目标：指在发生故障或灾难后，恢复业务正常运行所需的时间。

2）恢复点目标：指的是业务系统所能容忍的数据丢失量。

1.4 黑客

1.4.1 黑客的定义

黑客是一个具有多样性含义的词，它最早起源于20世纪50年代的麻省理工学院。黑客多指具备计算机技术专业知识，并能够通过创造性的方式突破系统安全，探索和发现计算机系统中的漏洞和弱点的人。根据行为方式和动机的不同，黑客可以分为以下几类：白帽黑客、黑帽黑客和灰帽黑客。

1）白帽黑客：也被称为道德黑客或"白帽子"，是专门研究或从事网络、计算机技术防御的人。通常受雇于各大公司，致力于维护网络、计算机系统和数据的安全，包括寻找和修复系统中的安全漏洞。白帽黑客通常经过授权，模拟黑客攻击以检测产品的可靠性。

2）黑帽黑客：利用公共通信网络，如互联网和电话系统，在未经许可的情况下，尝试访问、修改或者破坏对方系统的黑客。

3）灰帽黑客：介于白帽和黑帽之间。他们了解技术防御原理，并且具备突破这些防御的能力，但并不总是滥用这种能力。灰帽黑客通常不受雇于大型企业，他们的行为往往出于个人兴趣或探索。

1.4.2 黑客攻击的一般步骤

黑客攻击的步骤可以根据具体的目标和攻击类型有所不同，但一般来说，可以概括为以下几个阶段：

1）目标探测和信息攫取（踩点）：首先确定攻击目标并收集尽可能多的关于目标系统或网络的信息。包括网络信息（如域名、IP地址、网络拓扑）、系统信息（如操作系统版本、开放的各种网络服务版本）以及用户信息（如用户标识、组标识、共享资源、即时通信软件账号、邮件账号等）。

2）漏洞探测（探测）：尝试利用收集到的信息中所发现的漏洞。使用各种工具和技术来扫描目标系统，以寻找可能存在的安全漏洞。

3）漏洞利用（提权）：利用漏洞来入侵目标系统，突破目标系统的防护，获得对系统的访问权限。为了能够在系统中长时间停留并获取更高级别的权限，会利用各种手段维持自己的访问状态，同时提升自己在系统中的权限等级。可编写专门的代码或利用已知的漏洞来突破系统的防御。

4）内网渗透（入侵）：成功入侵目标系统后，通常会尝试进一步深入目标网络的内部，以获取更多的权限和信息或者破坏系统。

5）痕迹清除（撤退）：为了避免被发现，在完成攻击后删除一切在系统中留下的痕迹。

1.4.3 常见攻击方式

1. 密码破解攻击

以密码为攻击目标，尝试破解合法用户的密码或避开密码验证过程，然后冒充合法用户潜入目标系统。密码破解攻击方式主要有两种：手工破解和自动破解。手工破解要求攻击者手动输入可能的密码并需要知道用户的userID，进入被攻系统的登录状态。自动破解利用计算机程序自动尝试所有可能的密码组合，显著提高了破解效率。暴力破解是自动破解中常用的一种方法，是将密码进行逐个推算直到找出真正的密码为止。例如，Hydra是一款支持大部分协议的在线密码破解工具。

为了防止密码破解攻击，建议用户定期更改密码、使用复杂的密码以及避免在多个网站上使用相同的密码。

2. 缓冲区溢出攻击

缓冲区溢出攻击是一种利用程序中缓冲区溢出的漏洞的网络安全威胁。攻击者通过向程序的缓冲区写入超出其分配空间的数据，从而扰乱程序的正常执行流程。缓冲区溢出漏洞存在于软件以及更底层的操作系统中。攻击者的目标通常是改变程序的执行流程，使其跳转到攻击代码。

防范缓冲区溢出攻击可以采取一些基本的安全措施。例如，开发者可以对用户输入进行严格的验证和限制，确保其不会超过缓冲区的容量。另外，使用安全的编程技术，如栈保护和地址空间布局随机化（ASLR），也能有效防止缓冲区溢出攻击。

3. SQL注入攻击

SQL注入攻击是一种网络安全攻击手段，通过将恶意的SQL代码插入到应用程序的输入字段中，使得原本执行正常操作的SQL语句被篡改为攻击者的非法操作。

例如，一个登录表单可能会根据用户输入的用户名和密码来查询数据库。如果应用程序没有对用户输入进行适当的过滤和转义，攻击者可以在用户名或密码字段中输入一段特殊的SQL代码，例如"'OR'1'='1"。当这个恶意输入提交到服务器时，原本应该是"SELECT * FROM users WHERE username='[username]' AND password=[password]'"的SQL语句就变成了"SELECT * FROM users WHERE username=' OR '1'='1' AND password='[password]'"。由于'1'='1'永远都是真，因此不论密码是否正确，这条SQL语句都会返回至少一行数据，即允许攻击者成功登录。

为了防止SQL注入攻击，开发者需要采取一些预防措施：

1）使用参数化查询或预编译语句：可以确保用户输入的数据不会被解释为SQL代码。

2）对用户输入进行适当的验证和清理：检查输入是否包含非法字符，或者限制输入的长度。

3）使用最小权限原则：数据库账户应该只有执行必要任务所需的最小权限。

4）更新和打补丁：保持系统、数据库和应用程序的所有组件都是最新的，以防止已知的安全漏洞被利用。

1.5 渗透测试

1.5.1 渗透测试步骤

渗透测试是一种评估计算机系统、网络或Web应用程序安全性的方法。它通过模拟恶意攻击者的行为，来检测系统中存在的安全漏洞和弱点。渗透测试的目的是帮助企业识别并修复潜在的安全问题，从而提高整体的安全防护能力。

渗透测试的基本步骤如下：

1）信息收集：在这个阶段，渗透测试人员会收集尽可能多的目标系统的信息，包括IP地址、域名、子域名、开放端口、运行的服务、操作系统版本等。这些信息可以帮助他们更好地理解目标系统的结构，并确定可能的攻击路径。

2）威胁建模：根据收集到的信息，渗透测试人员会构建一个威胁模型，描述可能的攻击场景和攻击者的行为。这个模型将指导后续的渗透测试活动。

3）漏洞扫描：使用自动化工具（如Nmap、Nessus等）对目标系统进行漏洞扫描，以发现可能存在的安全漏洞。

4）漏洞利用：对于发现的漏洞，渗透测试人员会尝试利用它们来获取系统的访问权限。这可能需要编写自定义的脚本或工具。

5）提权与持久化：一旦获得系统的访问权限，渗透测试人员会尝试提升权限，以便能够执行更高级别的操作。同时，也会尝试在系统中植入后门，以便在测试结束后仍然能够访问系统。

6）数据窃取与破坏：在某些情况下，渗透测试人员可能会尝试窃取或破坏系统中的数据。通常是模拟真实的攻击场景，以评估数据的敏感性和系统的恢复能力。

7）清理与报告：渗透测试结束后，渗透测试人员需要清理在系统中留下的痕迹，并编写一份详细的报告，描述发现和建议的改进措施。

1.5.2 网络扫描

网络扫描是一种主动分析网络安全的方法，用于发现和修复网络中的安全漏洞，以防止黑客攻击，这种技术可以显著提高网络的安全性。常用的网络扫描工具包括Nessus、Burp Suite、MAC地址查询扫描器等。

一次完整的网络安全扫描分为三个阶段：首先，利用相关工具发现目标主机或网络。然后，进一步搜集目标信息，包括操作系统类型、运行的服务以及存在的漏洞等。最后，根据搜集到的信息进行风险评估，并提出相应的安全建议。

1.5.3 网络监听

网络监听是一种在计算机网络中监视数据流动情况以及传输的信息的技术，它可以用来监视获取网络的状态，使得网络管理人员可以用此技术来进行网络管理、排除网络故障。例如，Linux终端中运行的一些网络监视工具（如iftop），适合不使用GUI而希望通过SSH来保持对网络管理的用户。然而，这种技术也给网络安全带来了极大的隐患，如黑客经常利用网络监听来截获通信的内容，分析数据包，以获得一些敏感信息，如账号和密码等。

网络监听的实现主要是将网络接口设定成监听模式，截获并分析网络上所传输的信息。例如，工具软件Sniffer pro就是一种使用广泛的网络监听工具，其工作原理是在局域网中与其他计算机进行数据交换的时候，发送的数据包会被Sniffer pro截获并进行解析。

网络监听的安全防范方式如下：

1）采用加密技术，实现密文传输：对重要的信息如用户名和密码等进行加密处理，这样即使被监听到数据包，由于是加密的，对于窃听者来说也没有实际用处，无法解密。

2）利用路由器等网络设备对网络进行物理分段：这种方法的基本思想是把网络根据功能或部门进行划分，使不同部门间的数据通信不会相互干扰。

3）利用虚拟局域网实现网络分段：除了可以利用路由器这种物理设备来实现网络分段

外，还可以通过虚拟局域网（VLAN）技术来实现逻辑上的网络分段。

4）建立完善的安全管理体系：企业应建立完善的信息安全管理制度和流程，并对员工进行培训和技能提升，从而确保企业信息安全和普及安全意识。

1.6　常见漏洞平台

1）CNNVD和CNVD：CNNVD是中国国家漏洞库，CNVD是中国国家信息安全漏洞共享平台，这两个平台主要负责收集、整理、发布网络安全漏洞信息。

2）WooYun：WooYun是乌云安全漏洞报告平台，它是一个开放的漏洞报告平台。

3）补天漏洞响应平台和漏洞银行：这两个平台是专门用于处理网站安全漏洞的平台。

4）阿里云漏洞响应平台：该平台专注于处理阿里云相关的安全漏洞。

5）i春秋SRC部落：这是一个安全内容聚合、分享与交流的社区。

6）腾讯应急响应中心：该中心致力于提供安全的信息服务以及发现并解决安全问题。

实训任务

➤ 任务1　探析TCP数据的传输原理

任务目标

- ○ 理解网络中数据传输的过程。
- ○ 理解TCP的工作原理。
- ○ 学会使用Sniffer、Wireshark抓取数据报，分析TCP头的结构、三次握手和四次挥手的过程。

任务环境

- ○ 操作系统：客户机Windows 7/11、服务器Windows 10或其他服务器系统、浏览器。
- ○ 抓包软件：Sniffer、Wireshark。

任务要求

- ○ 使用FTP，利用Sniffer工具进行抓包并分析TCP三次握手和四次挥手。
- ○ 使用curl命令发出GET请求，利用Wireshark抓包并分析TCP三次握手和四次挥手。

任务实施

一、使用FTP，利用Sniffer工具进行抓包并分析TCP三次握手和四次挥手

1. 设置实验配置参数及过滤条件

1）启动Sniffer，设置所需抓取的数据包类型。

2）选择面板中"捕获-定义过滤器"选项，在弹出的"定义过滤器-捕获"对话框中，切换至地址选项卡，在图1-2所示的"位置1"以及"位置2"的列表中输入抓包地址，可以为MAC地址或者IP地址，在"位置1"处输入客户机的IP地址192.168.200.129，在"位置2"处

输入服务器IP的地址192.168.200.131，然后在地址类型下拉列表中选择捕获条件。

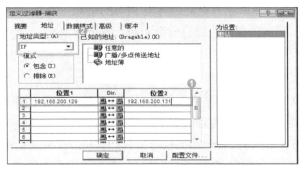

图1-2 选择抓包地址

3）切换至高级选项卡，在列表框中选中要抓包的类型："IP"和"ICMP"。

4）在列表框中选择协议，选择TCP下的"FTP"和"Telnet"，如图1-3所示。

图1-3 选择协议

5）在列表框中选择协议捕获条件，选择UDP下的"DNS（UDP）"，如图1-4所示。至此Sniffer的抓包过滤器就设置完毕了。

图1-4 选择协议捕获条件

2．开始捕获数据包并分析数据包

1）在菜单栏选择"捕获"→"开始"命令启动抓包。

2）在客户机中按<Win+R>组合键并输入"cmd"进入DOS窗口，对服务器进行FTP访问并断开访问，如图1-5所示。

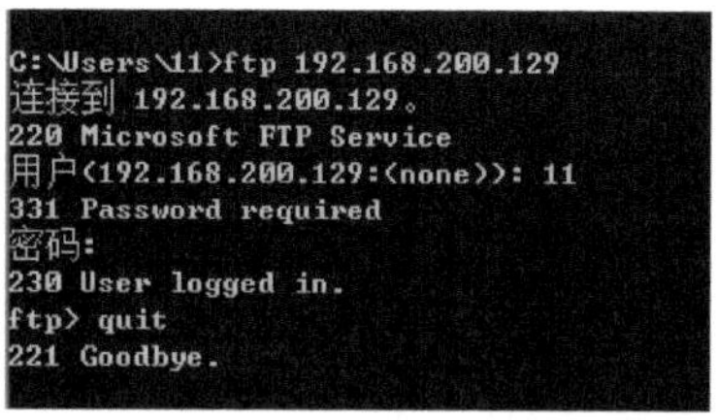

图1-5 进行FTP访问并断开

3）命令执行完成后，在菜单栏选择"捕获"→"停止并显示"命令或者单击 （停止并显示）按钮。

4）单击下方解码选项，在抓取的数据报中找到TCP进行三次握手过程的数据包，如图1-6所示。

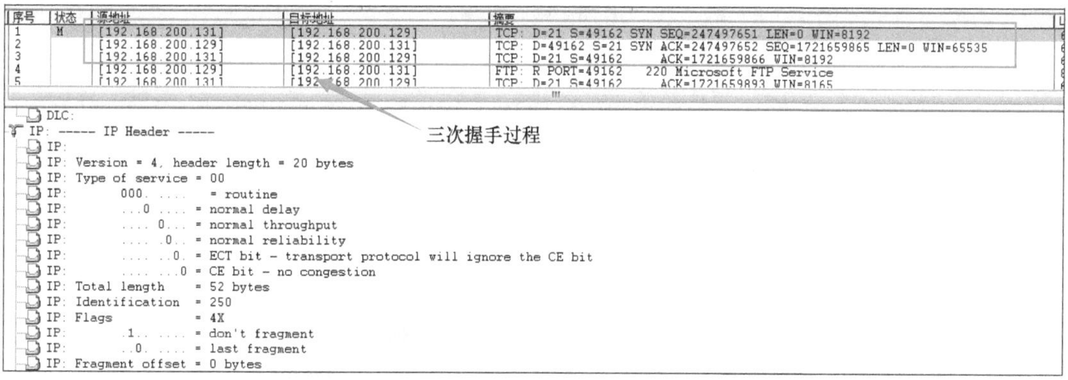

图1-6 TCP三次握手过程数据包

5）分析三次握手数据包。

第一次握手：客户端向服务端（192.168.200.129）发送连接请求SYN数据包（请求报文：SYN=1，ACK=0，Seq number=client_isn，表示连接请求报文段）等待服务器确认，如图1-7所示。

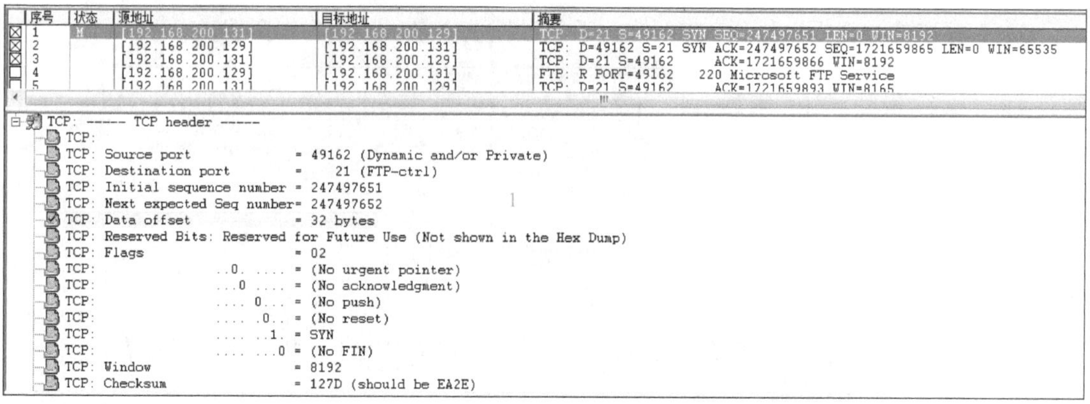

图1-7 第一次握手

第二次握手：服务端收到连接请求数据包，必须确认客户的请求（确认报文：SYN=1，ACK=1，Ack number=client_isn+1）。同时服务端（192.168.200.129）向客户端也发送一个请求数据，表示收到了客户端想要建立连接的请求，如图1-8所示。

序号	状态	源地址	目标地址	摘要
1	M	[192.168.200.131]	[192.168.200.129]	TCP: D=21 S=49162 SYN SEQ=247497651 LEN=0 WIN=8192
2		[192.168.200.129]	[192.168.200.131]	TCP: D=49162 S=21 SYN ACK=247497652 SEQ=1721659865 LEN=0 WIN=65535
3		[192.168.200.131]	[192.168.200.129]	TCP: D=21 S=49162 ACK=1721659866 WIN=8192
4		[192.168.200.129]	[192.168.200.131]	FTP: R PORT=49162 220 Microsoft FTP Service
5		[192.168.200.131]	[192.168.200.129]	TCP: D=21 S=49162 ACK=1721659893 WIN=8165

```
TCP: ----- TCP header -----
  TCP:
  TCP: Source port             =      21 (FTP-ctrl)
  TCP: Destination port        = 49162 (Dynamic and/or Private)
  TCP: Initial sequence number = 1721659865
  TCP: Next expected Seq number= 1721659866
  TCP: Acknowledgment number   = 247497652                    2
  TCP: Data offset             = 32 bytes
  TCP: Reserved Bits: Reserved for Future Use (Not shown in the Hex Dump)
  TCP: Flags                   = 12
  TCP:             ..0. .... = (No urgent pointer)
  TCP:             ...1 .... = Acknowledgment
  TCP:             .... 0... = (No push)
  TCP:             .... .0.. = (No reset)
  TCP:             .... ..1. = SYN
  TCP:             .... ...0 = (No FIN)
  TCP: Window                  = 65535
```

图1-8 第二次握手

第三次握手：客户机收到确认回复后，向服务端（192.168.200.129）发送ACK报文（确认报文段：SYN=0，ACK=1，Ack number =server_isn+1，Seq number=client_isn+1），如图1-9所示，TCP连接建立完成。

序号	状态	源地址	目标地址	摘要
1	M	[192.168.200.131]	[192.168.200.129]	TCP: D=21 S=49162 SYN SEQ=247497651 LEN=0 WIN=8192
2		[192.168.200.129]	[192.168.200.131]	TCP: D=49162 S=21 SYN ACK=247497652 SEQ=1721659865 LEN=0 WIN=65535
3		[192.168.200.131]	[192.168.200.129]	TCP: D=21 S=49162 ACK=1721659866 WIN=8192
4		[192.168.200.129]	[192.168.200.131]	FTP: R PORT=49162 220 Microsoft FTP Service
5		[192.168.200.131]	[192.168.200.129]	TCP: D=21 S=49162 ACK=1721659893 WIN=8165

```
TCP: ----- TCP header -----
  TCP:
  TCP: Source port             = 49162 (Dynamic and/or Private)
  TCP: Destination port        =      21 (FTP-ctrl)
  TCP: Sequence number         = 247497652
  TCP: Next expected Seq number= 247497652
  TCP: Acknowledgment number   = 1721659866                    3
  TCP: Data offset             = 20 bytes
  TCP: Reserved Bits: Reserved for Future Use (Not shown in the Hex Dump)
  TCP: Flags                   = 10
  TCP:             ..0. .... = (No urgent pointer)
  TCP:             ...1 .... = Acknowledgment
  TCP:             .... 0... = (No push)
  TCP:             .... .0.. = (No reset)
  TCP:             .... ..0. = (No SYN)
  TCP:             .... ...0 = (No FIN)
  TCP: Window                  = 8192
```

图1-9 第三次握手

6）在抓取的数据报中找到TCP四次挥手的过程数据包，如图1-10所示。

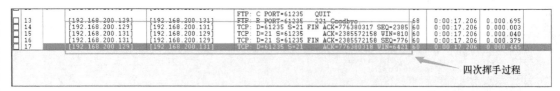

13		[192.168.200.129]	[192.168.200.131]	FTP: C PORT=61235 QUIT			
14		[192.168.200.129]	[192.168.200.131]	FTP: R PORT=61235 221 Goodbye	68	0:00:17.206	0.000.695
15		[192.168.200.129]	[192.168.200.131]	TCP: D=61235 S=21 FIN ACK=776380317 SEQ=2385	60	0:00:17.206	0.000.003
16		[192.168.200.131]	[192.168.200.129]	TCP: D=21 S=61235 ACK=2385572158 WIN=810	60	0:00:17.206	0.000.040
17		[192.168.200.129]	[192.168.200.131]	TCP: D=61235 S=21 ACK=2385572158 SEQ=776	60	0:00:17.206	0.000.379
		[192.168.200.131]	[192.168.200.129]	TCP: D=61235 S=21 ACK=776380318 WIN=6421	60	0:00:17.206	0.000.445

四次挥手过程

图1-10 TCP四次挥手过程数据包

7）TCP四次挥手过程分析。

第一次客户端请求断开连接，此时，客户端进入FIN_WAIT_1状态，表示没有数据要发送给服务器，如图1-11所示。

第二次服务器收到了客户端发送的FIN报文段，向客户端返回一个标志位是ACK的报文段，ACK设为Seq+1，客户端进入FIN_WAIT_2状态，服务器告诉客户端确认并同意关闭请求，如图1-12所示。

13	[192.168.200.129]	[192.168.200.131]	FTP: R PORT=61235 221 Goodbye.	68	0
14	[192.168.200.129]	[192.168.200.131]	TCP: D=61235 S=21 FIN ACK=776380317 SEQ=2385	60	0
15	[192.168.200.131]	[192.168.200.129]	TCP: D=21 S=61235 ACK=2385572158 WIN=810	60	0
16	[192.168.200.131]	[192.168.200.129]	TCP: D=21 S=61235 FIN ACK=2385572158 SEQ=776	60	0
17	[192.168.200.129]	[192.168.200.131]	TCP: D=61235 S=21 ACK=776380318 WIN=6421	60	0

```
   TCP: Source port             =    21 (FTP-ctrl)
   TCP: Destination port        = 61235 (Dynamic and/or Private)
   TCP: Sequence number         = 2385572157
   TCP: Next expected Seq number= 2385572158
✓  TCP: Acknowledgment number   = 776380317
   TCP: Data offset             = 20 bytes
   TCP: Reserved Bits: Reserved for Future Use (Not shown in the Hex Dump)
   TCP: Flags                   = 11
   TCP:             ..0. .... = (No urgent pointer)
   TCP:             ...1 .... = Acknowledgment
   TCP:             .... 0... = (No push)
   TCP:             .... .0.. = (No reset)
   TCP:             .... ..0. = (No SYN)
   TCP:             .... ...1 = FIN
   TCP: Window                  = 64211
   TCP: Checksum                = 660E (correct)
   TCP: Urgent pointer          = 0
```

图1-11　第一次挥手

14	[192.168.200.129]	[192.168.200.131]	TCP: D=61235 S=21 FIN ACK=776380317 SEQ=2385	60
15	[192.168.200.131]	[192.168.200.129]	TCP: D=21 S=61235 ACK=2385572158 WIN=810	60
16	[192.168.200.131]	[192.168.200.129]	TCP: D=21 S=61235 FIN ACK=2385572158 SEQ=776	60
17	[192.168.200.129]	[192.168.200.131]	TCP: D=61235 S=21 ACK=776380318 WIN=6421	60

```
□☰ TCP: ----- TCP header -----
   TCP:
   TCP: Source port             = 61235 (Dynamic and/or Private)
   TCP: Destination port        =    21 (FTP-ctrl)
   TCP: Sequence number         = 776380317
   TCP: Next expected Seq number= 776380317
✓  TCP: Acknowledgment number   = 2385572158
   TCP: Data offset             = 20 bytes
   TCP: Reserved Bits: Reserved for Future Use (Not shown in the Hex Dump)
   TCP: Flags                   = 10
   TCP:             ..0. .... = (No urgent pointer)
   TCP:             ...1 .... = Acknowledgment
   TCP:             .... 0... = (No push)
   TCP:             .... .0.. = (No reset)
   TCP:             .... ..0. = (No SYN)
   TCP:             .... ...0 = (No FIN)
   TCP: Window                  = 8107
```

图1-12　第二次挥手

第三次服务器向客户端发送标志位是FIN的报文段，请求关闭连接，同时客户端进入LAST_ACK状态，如图1-13所示。

14	[192.168.200.129]	[192.168.200.131]	FTP: R PORT=61235 221 Goodbye.	60
14	[192.168.200.129]	[192.168.200.131]	TCP: D=61235 S=21 FIN ACK=776380317 SEQ=2385	60
15	[192.168.200.131]	[192.168.200.129]	TCP: D=21 S=61235 ACK=2385572158 WIN=810	60
16	[192.168.200.131]	[192.168.200.129]	TCP: D=21 S=61235 FIN ACK=2385572158 SEQ=776	60
17	[192.168.200.129]	[192.168.200.131]	TCP: D=61235 S=21 ACK=776380318 WIN=6421	60

```
□☰ TCP: ----- TCP header -----
   TCP:
   TCP: Source port             = 61235 (Dynamic and/or Private)
   TCP: Destination port        =    21 (FTP-ctrl)
   TCP: Sequence number         = 776380317
   TCP: Next expected Seq number= 776380318
✓  TCP: Acknowledgment number   = 2385572158
   TCP: Data offset             = 20 bytes
   TCP: Reserved Bits: Reserved for Future Use (Not shown in the Hex Dump)
   TCP: Flags                   = 11
   TCP:             ..0. .... = (No urgent pointer)
   TCP:             ...1 .... = Acknowledgment
   TCP:             .... 0... = (No push)
   TCP:             .... .0.. = (No reset)
   TCP:             .... ..0. = (No SYN)
   TCP:             .... ...1 = FIN
   TCP: Window                  = 8107
00000000: 00 0c 29 cc 50 26 00 0c 29 49 d1 74 08 00 45 00 ...)嚢&..)I鏻.E.
```

图1-13　第三次挥手

第四次客户端收到服务器发送的FIN报文段，向服务器发送标志位是ACK的报文段，然后客户端进入TIME_WAIT状态。服务器收到客户端的ACK报文段以后，就关闭连接。此时，如果客户端等待2MSL（最长报文段寿命，Maximum Segment Lifetime）的时间后，依然没有收到回复，则证明服务器已正常关闭，此时客户端也可以关闭连接，如图1-14所示。

13	[192.168.200.129]	[192.168.200.131]	FTP: R PORT=61235 221 Goodbye.	68	0:00:1
14	[192.168.200.129]	[192.168.200.131]	TCP: D=61235 S=21 FIN ACK=776380317 SEQ=2385	60	0:00:1
15	[192.168.200.131]	[192.168.200.129]	TCP: D=21 S=61235 ACK=2385572158 WIN=810	60	0:00:1
16	[192.168.200.131]	[192.168.200.129]	TCP: D=21 S=61235 FIN ACK=2385572158 SEQ=776	60	0:00:1
17	[192.168.200.129]	[192.168.200.131]	TCP: D=61235 S=21 ACK=776380318 WIN=6421	60	0:00:1

```
TCP: ----- TCP header -----
TCP:
TCP: Source port              =     21 (FTP-ctrl)
TCP: Destination port         = 61235 (Dynamic and/or Private)
TCP: Sequence number          = 2385572158
TCP: Next expected Seq number = 2385572158
TCP: Acknowledgment number    = 776380318
TCP: Data offset              = 20 bytes
TCP: Reserved Bits: Reserved for Future Use (Not shown in the Hex Dump)
TCP: Flags                    = 10
TCP:              ..0. .... = (No urgent pointer)
TCP:              ...1 .... = Acknowledgment
TCP:              .... 0... = (No push)
TCP:              .... .0.. = (No reset)
TCP:              .... ..0. = (No SYN)
TCP:              .... ...0 = (No FIN)
TCP: Window                   = 64211
```

图1-14　第四次挥手

二、使用curl命令发出GET请求，利用Wireshark抓包并分析TCP三次握手和四次挥手

1. 利用Wireshark抓包并分析TCP三次握手

1）打开Wireshark，选择监听的网卡，此处选的网卡为WLAN，如图1-15所示。

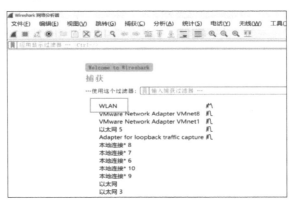

图1-15　选择监听的网卡

2）在命令行中输入curl www.baidu.com命令，并按<Enter>键，如图1-16所示。

图1-16　输入命令

3）回到Wireshark主界面，查看捕获结果，并过滤出GET请求数据包，如图1-17所示。

图1-17　过滤出GET请求数据包

4）右击数据包，并追踪TCP数据流，如图1-18所示。

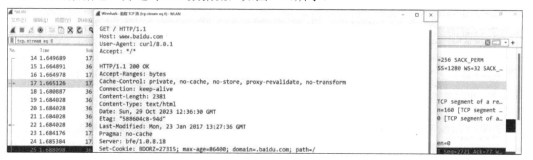

图1-18　追踪TCP数据流

5）分析三次握手数据包，如图1-19所示。

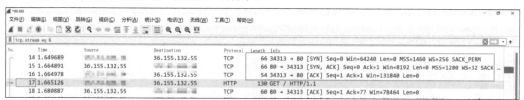

图1-19　三次握手数据包

第一次握手：客户端向服务器发送包，可以看到Flags是SYN（SYN=1），Sequence Number=0（Seq=0），如图1-20所示。

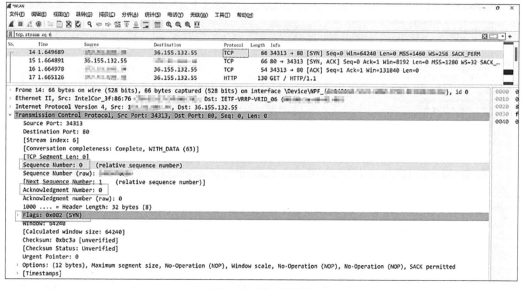

图1-20　第一次握手

第二次握手：服务器向客户端发送Flags（SYN，ACK），Ack Number=1（也就是SeqA+1），Seq=0，如图1-21所示。

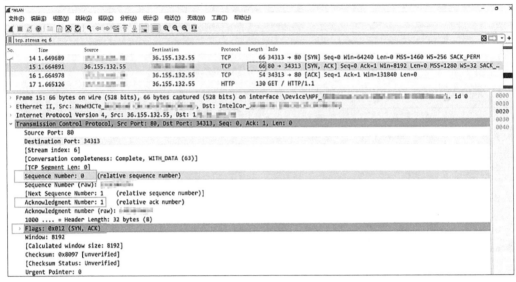

图1-21　第二次握手

第三次握手是客户端向服务器发送Flags（ACK），ACK Number=1，这样就建立了TCP连接，如图1-22所示。

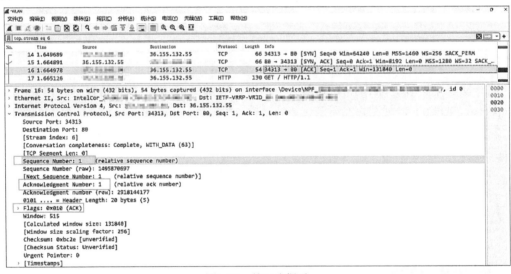

图1-22　第三次握手

2. 利用Wireshark抓包并分析TCP四次挥手

1）三次握手TCP数据包下面就是四次挥手数据包，如图1-23所示。

2）客户端请求断开连接，此时，客户端进入FIN_WAIT_1状态，表示没有数据要发送给服务器了，如图1-24所示。

3）服务器收到了客户端发送的FIN报文段，向客户端返回一个标志位是ACK的报文段，ACK设为Seq+1，客户端进入FIN_WAIT_2状态，服务器通告客户端确认并同意关闭请求，如

图1-25所示。

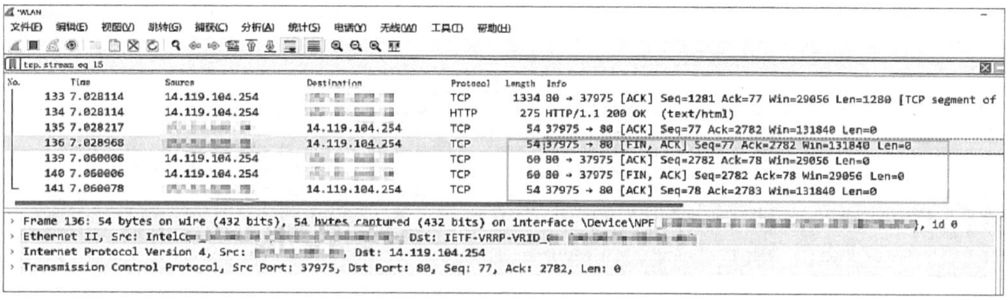

图1-23 TCP四次挥手数据包

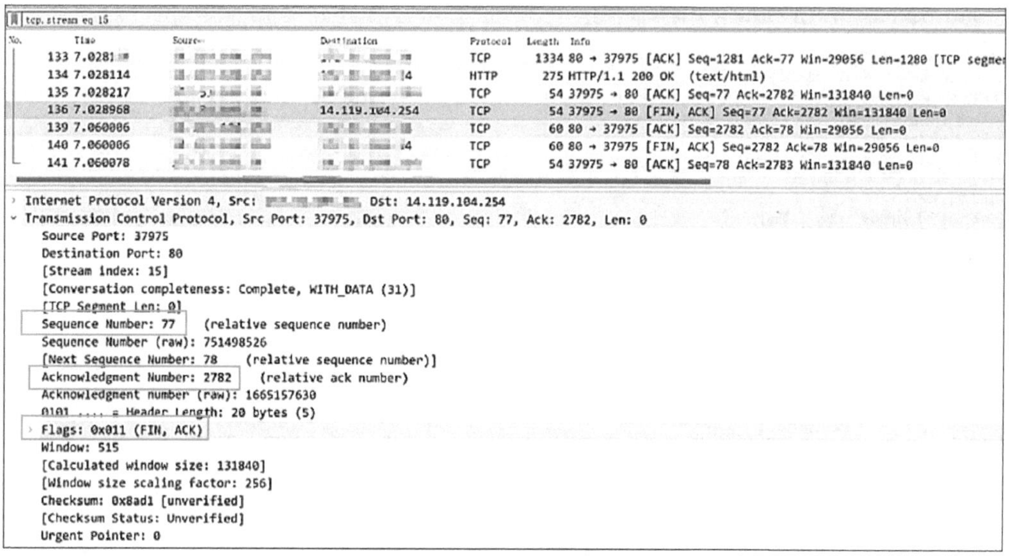

图1-24 第一次挥手

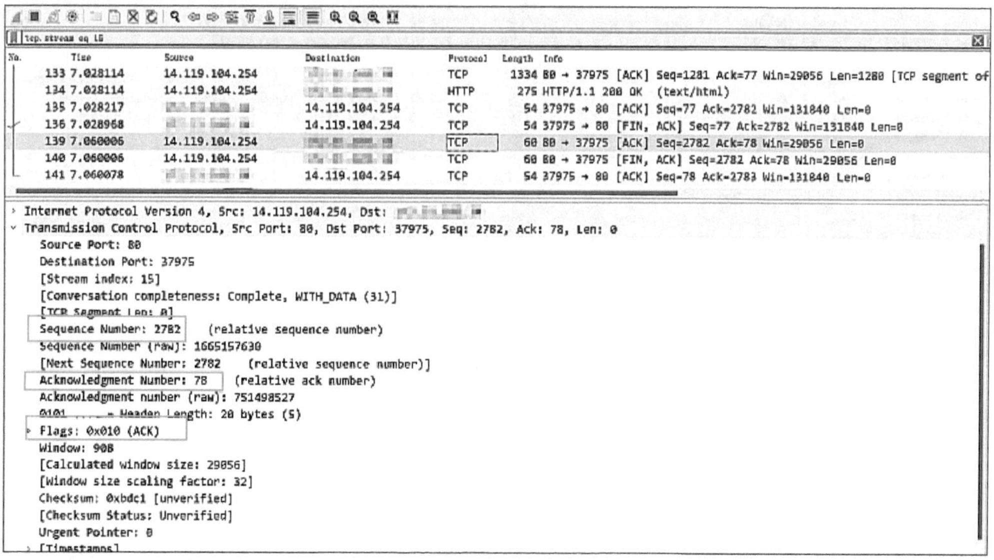

图1-25 第二次挥手

4）服务器向客户端发送标志位是FIN的报文段，请求关闭连接，同时客户端进入LAST_ACK状态，如图1-26所示。

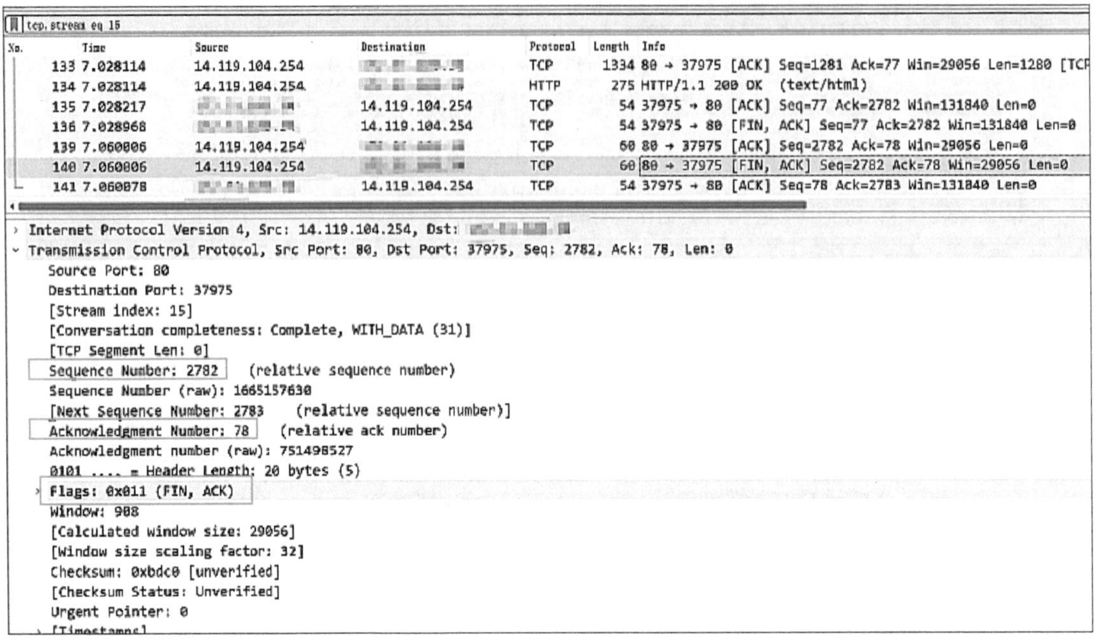

图1-26　第三次挥手

5）客户端收到服务器发送的FIN报文段，向服务器发送标志位是ACK的报文段，然后客户端进入TIME_WAIT状态。服务器收到客户端的ACK报文段以后，就关闭连接。此时，客户端等待2MSL的时间后依然没有收到回复，则证明服务器已正常关闭，客户端也可以关闭连接了，如图1-27所示。

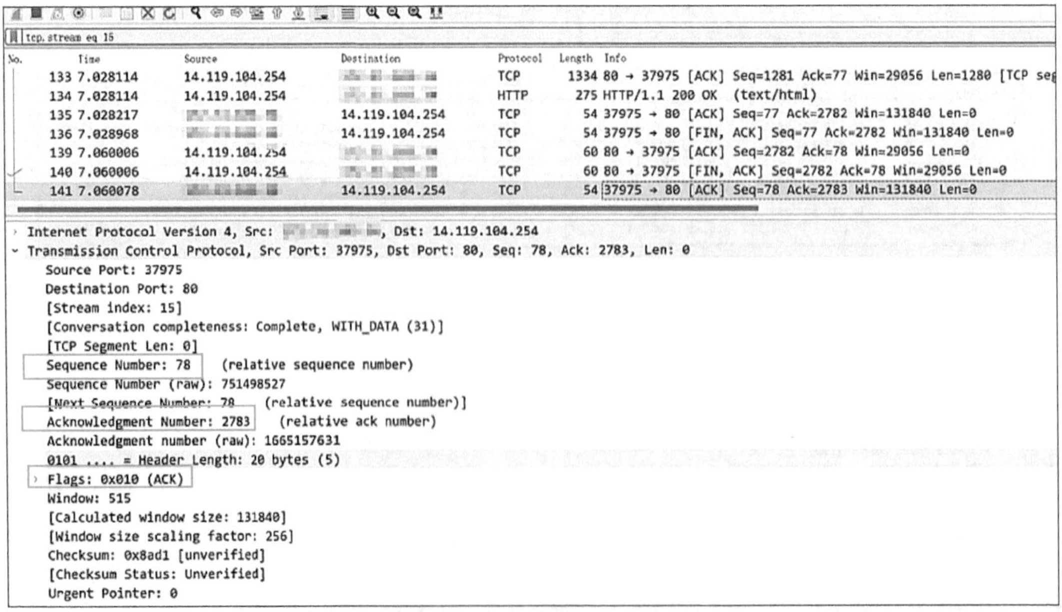

图1-27　第四次挥手

○ 任务小结

任务实施演示了如何使用Sniffer、Wireshark抓取数据报，分析TCP头的结构、分析TCP的三次握手和四次挥手的过程。通过任务设计深入解析了TCP的工作原理。

↘ **任务2　学习网络侦查与网络扫描**

◎ 任务目标

- ○ 理解计算机中端口的概念及作用，加深对相关知识的理解。
- ○ 学习互联网搜索技巧、方法和技术。
- ○ 学会使用网络侦查与网络扫描工具。

◎ 任务环境

- ○ 客户机：安装有Windows 10/11或Kali Linux等系统的机器。
- ○ 软件：Zenmap。

◎ 任务要求

- ○ 对局域网中的设备进行端口扫描和系统扫描，找到目标的操作系统类型及版本、目标提供哪些服务、各服务的类型、版本以及相关的社会信息。

◎ 任务实施

1）准备一台安装有Windows 10系统的虚拟机，设置网卡的IP为192.168.234.0，如图1-28所示。

图1-28　设置网卡的IP

2）安装并运行Zenmap（Windows下的Nmap），并开始扫描局域网中的活跃主机，在Target中输入目标机器地址：192.168.234.0/24，在Command中输入：nmap -sn 192.168.234.0/24，单击"Scan"按钮，如图1-29所示。

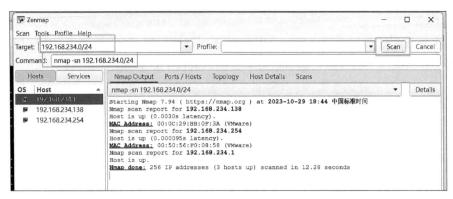

图1-29 扫描局域网中的活跃主机

3）扫描主机端口，在Target中输入目标机器地址：192.168.234.138，在Command中输入nmap -sS 192.168.234.138，单击"Scan"按钮，如图1-30所示。

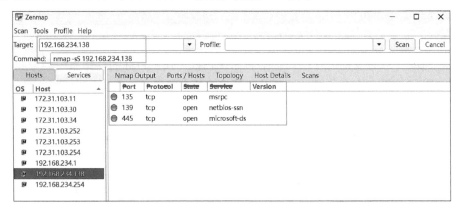

图1-30 扫描主机端口

◯ 任务小结

使用Zenmap可以方便地查看局域网下活跃的主机，并且可以扫描出该主机所开放的端口以及操作系统。

成功使用Zenmap扫到了局域网网段下的Windows 10主机，并且扫描出该主机操作系统为Microsoft，该主机开放端口为135、139、445。

拓展阅读

西北工业大学遭美国NSA网络攻击事件调查报告

2022年6月22日，西北工业大学发布公开声明称，该校遭受境外网络攻击。西安警方随即发布警情通报，证实在西北工业大学的信息网络中发现了多款源于境外的木马样本，正式立案调查。国家计算机病毒应急处理中心和360公司联合组成技术团队（以下简称"技术团队"），先后从西北工业大学的多个信息系统和上网终端中提取到了多款木马样本，综合使用国内现有数据资源和分析手段，并得到欧洲、南亚部分国家合作伙伴的通力支持，全面还原了相关攻击事件的总体概貌、技术特征、攻击武器、攻击路径和攻击源头，初步判明相关攻击活动源自美国国家安全局（National Security Agency，NSA）的特定入侵行动办公室（Office of Tailored Access Operation，TAO）。

本次调查发现，在针对西北工业大学的网络攻击中，TAO使用了40余种不同的NSA专属网络攻击武器，持续对西北工业大学开展攻击窃密，窃取该校关键网络设备配置、网管数据、运维数据等核心技术数据。TAO利用其网络攻击武器平台、"零日漏洞"（0day）及其控制的网络设备等，持续扩大网络攻击和范围。经技术分析与溯源，技术团队现已澄清TAO攻击活动中使用的网络攻击基础设施、专用武器装备及技战术，还原了攻击过程和被窃取的文件，掌握了美国NSA及其下属TAO对中国信息网络实施网络攻击和数据窃密的相关证据，涉及在美国国内对中国直接发起网络攻击的人员13名，以及NSA通过掩护公司为构建网络攻击环境而与美国电信运营商签订的合同60余份，电子文件170余份。通过取证分析，技术团队累计发现攻击者在西北工业大学内部渗透的攻击链路多达1 100余条、操作的指令序列90余个，并从被入侵的网络设备中定位了多份遭窃取的网络设备配置文件、遭嗅探的网络通信数据及密码、其他类型的日志和密钥文件以及其他与攻击活动相关的主要细节。

本次报告基于国家计算机病毒应急处理中心与360公司联合技术团队的分析成果，揭露了美国NSA长期以来针对包括西北工业大学在内的中国信息网络用户和重要单位开展网络间谍活动的真相。

课后思考与练习

一、单项选择题

1. 计算机联网的主要目的是（　　）。
   - A. 资源共享
   - B. 共用一个硬盘
   - C. 节省经费
   - D. 提高可靠性
2. 计算机病毒是指（　　）。
   - A. 带细菌的磁盘
   - B. 已损坏的磁盘
   - C. 具有破坏性的特制程序
   - D. 被破坏了的程序
3. 古代主动安全防御的典型手段有（　　）。
   - A. 探测、预警、监视、警报
   - B. 瞭望、烟火、巡更、敲梆
   - C. 调查、报告、分析、警报
   - D. 瞭望、烟火、分析、警报
4. 从风险分析的观点来看，计算机系统的最主要弱点是（　　）。
   - A. 内部计算机处理
   - B. 系统输入输出
   - C. 通信和网络
   - D. 外部计算机处理
5. 从风险管理的角度，以下（　　）方法不可取。
   - A. 接受风险
   - B. 分散风险
   - C. 转移风险
   - D. 拖延风险

二、简答题

1. 系统安全管理应包括哪几个方面？
2. 简述白帽黑客与黑帽黑客的相同点和不同点。
3. 红蓝对抗主要指的是什么？

模块2　网络安全威胁

学习目标

- ○ 培养学生的实践创新能力。
- ○ 提升学生分析和处理信息的能力。
- ○ 了解计算机网络安全威胁的分类和防范措施。
- ○ 了解网络安全风险评估的方式。
- ○ 熟练掌握几种常见的网络攻击方式并能够对其进行防范。
- ○ 熟悉常见的网络安全框架以及模型结构。

随着信息化进程的加速深化，数据交互频率不断增加，攻击面也变得更加广泛，潜在脆弱性更容易被暴露，由此引发攻击事件的风险也相应增加。与此同时，攻击事件推动了安全防御技术、战术和战略的不断发展和融合。

网络安全作为网络互联时代的新概念，随着互联网的发展和IT技术的普及，已经深入到人们的日常生活和工作中。社会信息化和信息网络化突破了时间和空间上的限制，使得信息的价值不断提升。然而，网页篡改、计算机病毒、系统非法入侵、数据泄密、网站欺骗、服务瘫痪以及漏洞利用等信息安全事件时有发生。

如今安全防御理念逐渐从传统的边界防御、纵深防御转向基于威胁情报的感知、监测、检测和响应方向发展。随着现代高级持续性威胁（APT）的增多，仅靠堵塞漏洞的方式已经不再有效。

本模块将重点介绍网络安全威胁的基础知识和网络攻防的重要内容。在网络安全威胁基础知识方面，重点分析了网络安全威胁的类别和防范措施，帮助理解攻击者如何入侵网络、利用漏洞，同时也需要了解各种威胁类型和网络安全机制。在网络攻防方面，需要熟悉常见的网络攻击技术和手段，了解黑客的攻击方式，如网络钓鱼、拒绝服务攻击、恶意软件等，及早发现并应对攻击至关重要。同时，通过实际的网络攻防实验，提升对攻击技术的认识和防范意识。

本模块知识思维导图如图2-1所示。

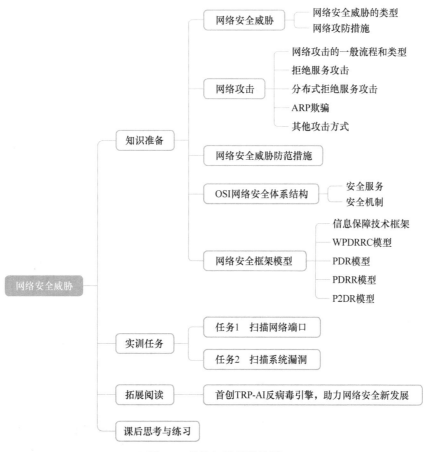

图2-1 模块知识思维导图

知识准备

2.1 网络安全威胁

网络安全的基本思想是针对不同的网络应用在网络的各个层次及范围内采取防护措施，以便能够对各种网络安全威胁进行检测发现，并采取相应的响应措施，确保网络系统安全、网络通信的链路安全和网络的信息安全。网络安全威胁，也称信息系统威胁，是指潜在的、对信息系统造成危害的因素。

2.1.1 网络安全威胁的类型

网络安全威胁可以分为自然威胁和人为威胁。

1. 自然威胁

自然威胁是由自然灾害或环境因素引起的。例如，火灾、地震、洪水等自然灾害可能导致网络设备的损坏或停电，从而影响网络的正常运行。

2. 人为威胁

人为威胁又分为有意识人为威胁和无意识人为威胁。通常人为威胁为有意识的人为威胁，即对网络信息系统的人为攻击，通过寻找系统的弱点，以非授权方式达到破坏、欺骗和窃取数据信息等目的。

有意识的人为威胁可以进一步分为主动威胁和被动威胁，如图2-2所示。

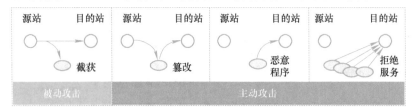

图2-2 有意识的人为威胁

主动威胁：主动威胁是指恶意行为者有意识地进行攻击或侵入网络系统，以获取未经授权的访问权限、窃取敏感信息或破坏系统。这些攻击者通常具有技术知识和专业技能，使用各种工具和技术来实施攻击。

被动威胁：被动威胁是指攻击者利用系统或网络的弱点，通过漏洞利用、密码破解等手段获取未经授权的访问权限或窃取敏感信息。这些攻击者通常不直接与目标系统进行交互，而是利用系统的漏洞或弱点进行攻击。

2.1.2 网络攻防措施

主动威胁和被动威胁都可能导致数据泄露、系统瘫痪、服务中断或财务损失等安全问题。为了应对这些威胁，企业和个人需要采取综合的安全措施，包括使用强密码、定期更新软件补丁、实施访问控制、加密通信、进行安全培训等。此外，建立安全意识和加强监测与响应能力也是重要的防御措施。

网络攻防措施是保护网络安全的一系列技术和策略。以下是一些常见的网络攻防措施：

1. 攻击措施

1）漏洞利用：黑客利用系统或应用程序中的漏洞进行攻击，如缓冲区溢出、代码注入等。

2）拒绝服务攻击（DoS）：通过向目标系统发送大量请求，使其无法正常工作。

3）社交工程：通过欺骗和操纵用户获取敏感信息，如钓鱼邮件、假冒身份等。

4）恶意软件：使用病毒、木马、间谍软件等恶意程序对系统进行攻击和破坏。

5）暴力破解：尝试猜测密码或加密密钥，以获取未经授权的访问权限。

2. 防御措施

1）防火墙：设置网络边界上的防火墙，监控和过滤进出网络的流量。

2）安全策略和控制：制定和执行网络安全策略，包括访问控制、密码策略、数据备份等。

3）安全更新和补丁管理：及时安装操作系统、应用程序和设备的安全更新和补丁，修复已知漏洞。

4）入侵检测和防御系统（IDS/IPS）：监测和阻止潜在的入侵行为，如异常流量、恶意软件等。

5）加密通信：使用加密协议和算法保护敏感数据的传输，防止被窃取或篡改。

6）员工培训和意识提高：提供网络安全培训，教育员工识别和应对网络威胁。

7）安全审计和监控：定期进行安全审计，监控系统和网络活动，及时发现和应对安全事件。

8）应急响应计划：制定应急响应计划，包括处理安全事件的流程、联系人和恢复策略。

网络攻防是一个不断演变的过程，攻击者不断寻找新的攻击方式，而防御者需要不断更新和改进防御措施来应对新的威胁。因此，持续的监测、评估和改进是确保网络安全的关键。

2.2　网络攻击

网络攻击是指对网络系统的机密性、完整性、可用性、可控性、不可否认性产生危害的任何行为。这些危害行为可抽象地分为信息泄露攻击、完整性破坏攻击、拒绝服务攻击和非法使用攻击四种基本类型。网络攻击包含攻击者、攻击工具、攻击访问、攻击效果等要素。

2.2.1　网络攻击的一般流程和类型

1. 网络攻击的一般流程

（1）信息收集

信息收集的步骤是：确定目的→明确目标→收集目标信息。黑客会利用各种手段收集目标的信息，例如网站注册用户信息、操作系统漏洞、服务器的漏洞等。主要有网络密码破解、扫描、监听等技术。

获取系统信息的常用命令：

1）ping命令：测试网络连接、信息发送和接收状况。

2）ipconfig命令：显示当前TCP/IP配置的网络参数。

3）arp命令：能够查看本机ARP缓存中的当前内容。

4）netstat命令：显示当前存在的TCP连接、路由表、与IP、TCP、UDP和ICMP相关的统计数据等。

5）tracert命令：路由跟踪实用程序，用来显示数据包到达目标主机所经过的路径。

6）nslookup命令：解析一个域名所对应的IP地址，一般使用方法为：nslookup主机域名。

（2）实施攻击

实施攻击的步骤是：漏洞探测与验证→获取访问权限→提升访问权限。在获取到足够的信息后，黑客会开始进行实际的攻击操作，例如入侵服务器、控制网络设备、窃取数据等。

（3）隐蔽攻击行为

隐蔽攻击行为的步骤是：隐藏连接→隐藏进程→隐蔽文件。为了避免被发现和追踪，黑客会采取一系列措施来隐藏自己的攻击行为，例如使用加密技术、匿名化工具、清除日志等。

（4）创建后门

为了长期保持对已攻系统的访问权，在退出之前黑客会在攻击过程中创建一个后门，以便日后进入系统并访问敏感信息，例如远程桌面连接、端口映射、木马等方式。

（5）清除攻击痕迹

一旦成功地控制了受害者，黑客就会删除或修改所有与攻击相关的文件和记录，以消除任何可能的证据，例如清除入侵日志以及其他相关的日志等。

2. 网络攻击的分类

1）按照ITU-T X.800和RFC 2828的定义进行分类：被动攻击和主动攻击。被动攻击是指攻击者在不改变数据流的情况下窃取、截获或者分析信息，例如窃听、流量分析等。主动攻击是指攻击者对数据流进行篡改、伪造或拒绝服务等操作。

2）按照网络攻击方式进行分类：读取攻击、操作攻击、欺骗攻击、泛洪攻击、重定向攻击等。

3）按照攻击对象或采用的攻击手段进行分类：服务攻击与非服务性攻击。

4）按照攻击目的分类：恶意攻击和合法攻击。恶意攻击是指未经授权的入侵行为，旨在获取敏感信息、破坏系统或者篡夺权限。合法攻击是指经过授权的入侵行为，旨在检测系统安全性、防止未经授权的访问等。

5）按照攻击对象分类：针对个人的攻击和针对组织的攻击。针对个人的攻击通常包括钓鱼式攻击、社交工程学攻击等，利用个人的弱点获取个人信息或者控制个人设备。针对组织的攻击通常包括分布式拒绝服务攻击、恶意软件攻击等，旨在破坏组织的网络系统或者窃取敏感信息。

6）按照攻击来源分类：网络攻击可以分为内部攻击和外部攻击。内部攻击是指由组织内部的人员发起的攻击，通常包括恶意软件攻击、社交工程学攻击等。外部攻击是指由外部黑客发起的攻击，通常包括分布式拒绝服务攻击、钓鱼式攻击等。

2.2.2 拒绝服务攻击

拒绝服务攻击（Denial of Service Attack，DoS）是一种恶意行为，旨在使目标系统无法提供正常的服务。攻击者通过向目标系统发送大量的请求或占用其资源，使其超出负荷或崩溃，从而导致服务不可用。DoS攻击过程如图2-3所示。

黑客　　　僵尸网络　　　IP请求点　　　服务器

图2-3　DoS攻击过程

1．DoS攻击形式

（1）按资源消耗方式分类

DoS攻击可分为消耗网络带宽攻击和连通性攻击两大类型。

1）消耗网络带宽攻击是指以极大的通信流量冲击网络，使得所有可用网络资源都被消耗殆尽，最后导致合法用户请求无法实现。

2）连通性攻击是指用大量的连接请求冲击目标主机，使得所有可以用的操作系统资源都被消耗殆尽，最终导致目标主机系统不堪重负以致瘫痪、停止正常网络服务。

（2）按攻击层次分类

1）网络层攻击：攻击者利用大量的网络流量向目标系统发送请求，以耗尽其带宽或网络资源。常见的网络层DoS攻击包括泛洪攻击（Flood Attack）和分布式拒绝服务攻击（DDoS Attack）。

2）传输层攻击：主要负责设备间的端到端通信以及网络间通信流量控制和错误控制。针对传输层的DDoS攻击主要目的是使目标服务器或网络设备过载，常见的攻击类型包括SYN Flood攻击、ACK Flood攻击和UDP Flood攻击等。

3）应用层攻击：攻击者利用目标系统的应用程序漏洞或弱点，发送恶意请求或占用其资源，导致应用程序无法正常运行。常见的应用层DoS攻击包括HTTP请求攻击，DNS Flood攻击和Slowloris攻击。

2．防御DoS攻击的措施

DoS攻击对目标系统造成的影响包括服务中断、延迟、数据丢失以及资源耗尽等。这可能导致业务中断、数据损失、声誉损害以及经济损失。为了防止DoS攻击，系统管理员可以采取以下措施：

1）配置防火墙和入侵检测系统（IDS）以过滤和监测恶意流量。

2）限制和监控网络流量，以便及时发现和应对异常流量。

3）使用负载均衡和流量分流技术，以平衡和分散流量负载。

4）更新和修补系统和应用程序的漏洞，以防止攻击者利用已知的弱点进行攻击。

5）配置合适的资源限制和阈值，以防止资源耗尽。

6）实施访问控制和身份验证机制，以防止未经授权的访问和滥用。

7）建立备份、灾难恢复和容灾机制，以便在攻击发生时能够快速恢复服务。

2.2.3　分布式拒绝服务攻击

分布式拒绝服务（Distributed Denial of Service，DDoS）攻击是指借助客户机/服务器作用模式，将多个计算机联合起来作为攻击平台，对一个或多个目标从远程遥控进行的DoS攻击。其原理是通过控制大量"肉鸡"（虚假流量）访问网站服务器消耗带宽、内存等资源，其目的是使得网站服务器无法正常访问，其后果是直接导致企业业务受损、数据丢失，更严重的是长时间无法访问会导致搜索引擎降权，网站排名、自然流量等下降、甚至是清零。DDoS攻击过程如图2-4所示。

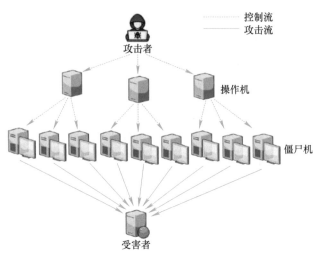

图2-4　DDoS攻击过程

1. DDoS攻击分类

1）漏洞型（基于特定漏洞进行攻击）：只对具备特定漏洞的目标有效，通常发送特定数据包或少量的数据包即可达到攻击效果。

2）业务型（消耗业务系统性能额为主）：与业务类型高度相关，需要根据业务系统的应用类型采取对应的攻击手段才能达到效果。通常业务型攻击实现效果需要的流量远低于流量型。

3）流量型（消耗带宽资源为主）：主要以消耗目标业务系统的带宽资源为攻击手段，通常会导致网络阻塞，从而影响正常业务。

2. DDoS攻击类型

1）TCP攻击：黑客伪造源服务器IP向公网的TCP服务器发起连接请求，致使被攻击服务器收到大量SYN/ACK请求数据，最终造成拒绝服务的攻击手段。TCP攻击类型有SYN Flood（DDoS）、RST攻击、会话劫持等。

2）UDP攻击：又称UDP洪水攻击或UDP淹没攻击。UDP是一种无连接的协议，它不需要用任何程序建立连接就可以传输数据。其原理是攻击者随机地向受害系统的端口发送大量的UDP数据包，就可能发生UDP淹没攻击。

3）ICMP攻击：伪造网关给受害主机服务器发送ICMP数据包，使得受害主机相信目标网段不可达。ICMP攻击类型有ICMP DOS、ICMP数据包放大、ICMP Smurf、ICMP PING淹没攻击、ICMP Flood、ICMP Nuke等。

4）DNS攻击：又称DNS欺骗攻击，其原理是向被攻击主机服务器发送大量的域名解析请求，通过请求解析的域名是随机生成或是不存在的，被攻击的DNS服务器在接收到域名解析请求的时候首先会在服务器上查找是否有对应的缓存，如果查不到并且该域名无法直接由本地服务器解析时，DNS服务器会向其上层DNS服务器进行递归或迭代查询域名信息。DNS攻击类型有DNS劫持、DNS缓存投毒、反射式DNS放大攻击等。

5）HTTP攻击：其原理是在Web应用中，从浏览器接收的HTTP请求的全部内容都可以在客户端自由地变更和篡改。通过URL查询字段或表单、HTTP首部、Cookie等途径把攻击代码传入，若Web端有漏洞，则内部信息就会被泄露或者被攻击者拿到管理权限。HTTP攻击类型可分为主动攻击和被动攻击两种，比如脚本攻击和SQL注入攻击等。

3. 拒绝服务攻击防御流程

1）现象分析：通过流量监测等方法，根据发现的现象、网络设备和服务的情况初步判断是否存在拒绝服务攻击。

2）抓包分析：通过工具抓包分析的方式，进一步确认攻击的方式和特征。

3）启动对抗措施：最后启动对抗措施进行攻击对抗，可以进行资源提升、安全加固、安全防护等措施。

2.2.4 ARP欺骗

ARP（Address Resolution Protocol，地址解析协议）欺骗是黑客常用的攻击手段之一，ARP欺骗分为两种，一种是对路由器ARP表的欺骗，另一种是对内网主机的网关欺骗。

ARP是一种用于将IP地址解析为MAC地址的网络协议，其基本功能是将IP地址解析为对应的MAC地址。它通过发送广播消息，询问目标IP地址的MAC地址。收到消息的主机会将目标IP地址和其对应的MAC地址发送回原始主机，从而建立IP地址和MAC地址的映射关系。ARP是建立在信任局域网内所有节点的基础上，虽然高效但并不安全；它是一种无状态的协议，不检查是否发过请求，也不管应答是否合法，当接收到目标MAC地址是自己的ARP广播报文，都会接收并更新缓存，这就为ARP欺骗提供了可能。

1. ARP欺骗的工作原理

ARP欺骗主要利用ARP的基本功能和ARP高速缓存的作用来实现。攻击者通过发送伪造的ARP广播消息，将目标主机的ARP高速缓存中的IP地址和MAC地址映射关系修改为错误的映射关系。当目标主机发送数据到被攻击的主机时，数据将被攻击者截获并篡改。ARP欺骗的攻击过程如图2-5所示。

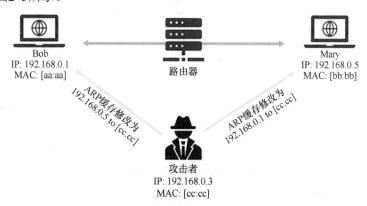

图2-5 ARP欺骗的攻击过程

ARP欺骗的原理可以概括为以下几个步骤：

1）攻击者发送伪造的ARP广播消息，将自己的MAC地址设置为目标主机的MAC地址，并将目标主机的IP地址设置为一个无效的IP地址。

2）目标主机收到广播消息后，将其中的IP地址和MAC地址映射关系保存在ARP高速缓存中。由于IP地址无效，因此无法正常通信。

3）攻击者继续发送伪造的ARP广播消息，将目标主机的MAC地址设置为一个有效的MAC地址，但该MAC地址并不是目标主机的真正MAC地址。这样，当目标主机发送数据时，数据将被攻击者的主机接收并篡改。

4）攻击者通过篡改数据来实现各种攻击目的，如窃取敏感信息、篡改数据等。

示例：假设一个网络环境中，网内有三台主机，分别为主机A、B、C，主机详细描述信息如下：

A的地址：IP:192.168.200.10；MAC:00-00-00-00-00-00。

B的地址：IP:192.168.200.20；MAC:11-11-11-11-11-11。

C的地址：IP:192.168.200.30；MAC:22-22-22-22-22-22。

正常情况下是A和C之间进行通信，但此时B向A发送一个自己伪造的ARP应答，而这个应答中的数据为发送方IP地址，即192.168.200.30（C的IP地址），MAC地址是11-11-11-11-11-11（C的MAC地址本来应该是22-22-22-22-22-22，这里被伪造了）。当A接收到B伪造的ARP应答时，就会更新本地的ARP缓存（A被欺骗了），这时B就伪装成C了。

同时，B同样向C发送一个ARP应答，应答包中发送方IP地址是192.168.200.10（A的IP地址），MAC地址是11-11-11-11-11-11（A的MAC地址本来应该是00-00-00-00-00-00），当C收到B伪造的ARP应答，也会更新本地ARP缓存（C也被欺骗了），这时B就伪装成了A。这样主机A和C都被主机B欺骗，A和C之间通信的数据都经过了B，达到攻击的目的。

2. ARP欺骗防御措施

ARP欺骗是一种更改ARP缓存的技术，其防御措施有：

1）使用静态ARP表：在网关上实现IP地址和MAC地址的绑定。为每台主机添加一条IP地址和MAC地址对应的关系静态地址表。

2）通过防火墙过滤常见端口：134～139、445、500、6677、5800、5900、593等。

3）使用Proxy代理IP的传输，使用硬件屏蔽主机，设置好路由，确保IP地址能到达合法的路径。

4）启用ARP防护功能：一些网络设备提供了ARP防护功能，可以检测和阻止异常的ARP请求和响应。启用此功能可以帮助防止ARP欺骗攻击。

5）使用网络流量监测工具：使用网络流量监测工具可以检测异常的ARP流量，如大量的ARP请求或响应。及时发现异常流量可以帮助识别和阻止ARP欺骗攻击。

6）网络隔离和分段：将网络划分为不同的子网，并使用网络隔离技术，如虚拟局域网（VLAN）或网络隔离设备，可以减少ARP欺骗攻击的影响范围。

7）使用安全认证和加密：使用安全认证机制，如802.1X认证，可以限制只有经过身份验证的设备才能加入网络。此外，使用加密协议（如SSL/TLS）可以保护通信过程中的敏感信息，防止被窃取或篡改。

8）定期更新网络设备的固件和软件补丁：网络设备的固件和软件补丁通常包含修复已知漏洞和弱点的更新。定期更新这些补丁可以减少网络设备受到ARP欺骗攻击的风险。

9）加强管理与巡查：管理员要定期从响应的IP包中获得一个RARP请求，然后检查ARP响应的真实性。定期轮询，检查主机上的ARP缓存。

10）加强网络安全意识：提高用户的网络安全意识，避免单击恶意链接或下载可疑附件。

2.2.5 其他攻击方式

1）病毒和蠕虫攻击：利用恶意软件、电子邮件附件等方式传播的病毒和蠕虫是最常见的网络攻击之一。病毒和蠕虫可以感染计算机系统并破坏其功能，甚至窃取敏感信息或控制计算机系统。

2）网络钓鱼攻击：一种通过伪造虚假网站、发送诱人的电子邮件或使用社交工程技巧来欺骗用户提供个人信息或执行特定操作的网络攻击手段。这些欺诈性活动可能会窃取用户的账户信息和密码等重要信息。

3）漏洞利用攻击：利用操作系统、应用程序或其他软件的漏洞进行攻击，例如，利用安全漏洞获取管理员权限或窃取机密信息。

4）端口扫描攻击：通过对目标主机的端口进行扫描，以确定是否存在可被利用的漏洞。一旦发现漏洞，攻击者就可以发起更进一步的攻击。

5）社工攻击：一种综合性的攻击方式，包括利用社会工程学技巧（如钓鱼、假冒、诱骗等）来获取用户的个人信息和密码等敏感信息，以及利用心理因素影响用户的行为。

2.3 网络安全威胁防范措施

对网络攻击和网络安全威胁的防范可以保护计算机网络和网络系统免受恶意行为和安全威胁的影响。下面是一些常见的防范措施：

1）使用防火墙：监控和控制网络流量，关闭不必要的网络端口和服务，阻止未经授权的访问和恶意流量进入网络系统。

2）安装和更新安全软件：包括杀毒软件、防恶意软件和防火墙等安全软件，及时更新其定义文件和软件版本，以保护系统免受病毒和恶意软件的攻击。

3）加密通信：使用加密协议（如HTTPS、SSH、SSL、TLS等）来保护敏感数据在传输过程中的安全，防止被窃取或篡改。

4）强化密码策略：使用复杂、长且随机的密码，并定期更改密码。同时，禁止使用弱密码，例如常见的字典词汇或简单的数字组合。

5）定期更新软件补丁：及时安装操作系统和应用程序的安全补丁，以修复已知的漏洞和弱点，减少被攻击的风险。

6）实施访问控制：使用访问控制列表（ACL）和身份验证机制，限制网络流量和访问速度，限制对网络资源和敏感数据的访问权限，确保只有授权用户可以访问。

7）进行安全培训：提高用户的网络安全意识。例如，谨慎对待邮件和链接中的不明网站、不打开未知来源的邮件和下载不明链接、定期备份重要数据、限制网络共享文件夹的访问权限等。

8）建立安全策略和应急响应计划：制定和实施网络安全策略，包括安全措施、流程和指南。同时，建立应急响应计划，以便在发生安全事件时能够及时应对和恢复。

9）加强监测与日志记录：使用安全监测工具和系统日志记录，及时检测和识别潜在的安全威胁，以便及时采取措施应对。

10）定期进行安全评估和漏洞扫描：定期进行安全评估和漏洞扫描，发现和修复系统中的漏洞和弱点，提高系统的安全性。

综合采取这些防范措施可以帮助企业和个人有效地应对网络攻击和网络安全威胁，保护网络系统和敏感数据的安全。

2.4 OSI网络安全体系结构

OSI安全体系结构是建立在开放系统互联（OSI）参考模型的基础上，旨在提供网络安全服务。该模型包含七层，从下到上依次是物理层、数据链路层、网络层、传输层、会话层、表示层和应用层。OSI安全体系结构定义了五种网络安全服务，即对象认证服务、访问控制服务、数据保密性服务、数据完整性服务和抗否认性服务。此外，还建议采用八种基本安全机制，包括加密机制、数字签名机制、访问控制机制、数据完整性机制、鉴别交换机制、流量填充机制、路由验证机制和公证机制。

这些服务旨在保护网络通信，确保信息的机密性、完整性、可用性和身份验证。例如，数据保密性服务通过加密技术保护数据，防止未经授权的访问；数据完整性服务确保数据在传输过程中不被篡改；访问控制服务则用于限制对网络资源的访问，确保合法用户能够访问授权资源；对象认证服务用于确认通信实体（如用户和服务器）的身份。

2.4.1 安全服务

OSI安全体系结构的五类安全服务包括对象认证（鉴别）服务、访问控制服务、数据保密性服务、数据完整性服务和抗否认性服务。这些服务的目的是确保通信和数据的安全性。

1）对象认证（鉴别）服务：也称为身份鉴别服务。在网络交互过程中，对收发双方的身份及数据来源进行验证，确保通信双方的身份是真实的。身份认证是其他安全服务（如授权、访问控制和审计）的前提，可防止实体假冒或重放以前的连接，进行伪造连接初始化攻击。

2）访问控制服务：是一种限制，控制那些通过通信连接对主机和应用系统进行访问的能力，防止未授权用户非法访问资源，包括用户身份认证和用户权限确认。其基本任务是防止非法用户进入系统及防止合法用户对系统资源的非法访问使用。

3）数据保密性服务：是指对数据提供安全保护，防止数据被未授权用户获知。即防止数据在传输过程中被破解、泄露。

4）数据完整性服务：防止数据在传输过程中被篡改，保证接收方收到的信息与发送方发出的信息一致。即通过验证或维护信息的一致性，防止主动攻击，确保收到的数据在传输过程中没有被修改、插入、删除、延迟等。

5）抗否认性服务：也称为抗抵赖服务或确认服务，防止发送方与接收方双方在执行各自操作后，否认各自所做的操作。OSI安全体系结构定义了两种不可否认服务，即发送的不可否认服务和接收的不可否认服务。可以解决通信双方在完成通信过程后可能出现的纠纷。

2.4.2　安全机制

加密机制、数字签名机制、访问控制机制、数据完整性机制、鉴别交换机制、业务流填充机制、路由控制机制和公证机制共同构成了OSI安全体系结构的基础，旨在保护网络通信的安全性和可靠性，这些机制是为了实现上述五类安全服务而设计和实施的。

1）加密机制：通过对数据进行编码，提供对数据或信息流的保密，能防止数据在传输过程中被窃取。加密机制对应数据保密性服务，用于确保数据的机密性。常用的加密算法有对称加密算法和非对称加密算法。

2）数字签名机制：是一种安全机制，使用密码技术为数字文档或消息创建唯一的、可验证的标识符，可用于确保文档或消息的真实性和完整性。数字签名机制对应认证（鉴别）服务，用于验证信息的来源和完整性。

3）访问控制机制：是网络安全防护的核心策略。其主要任务是按事先确定的规则决定主体对客体的访问是否合法，以保护网络系统资源不被非法访问和使用。对应访问控制服务，主要用来控制与限定网络用户对主机、应用、数据与网络服务的访问权限，用于防止未授权访问。

4）数据完整性机制：通过数字加密保证数据不被篡改。数据完整性机制对应数据完整性服务，用于确保数据的完整性。

5）鉴别交换机制：又称为认证机制，通过信息交换来确保实体身份的机制，即通信的数据接收方能够确认数据发送方的真实身份，以及认证数据在传送过程中是否被篡改。主要有站点认证、报文认证、用户和进程的认证等方式。对应认证（鉴别）服务，用于验证通信双方的身份，以保护通信的双方互相信任。

6）业务流填充机制：通过在正常数据流中添加额外的位数，以隐藏真正的数据流量，使得攻击者难以检测到有效的数据，保护数据不被恶意监听或截获。业务流填充机制用于监控通信中的业务数据，发现异常时及时报警。

7）路由控制机制：对IP数据包转发进行控制，防止恶意用户通过修改IP数据包的内容来达到非法目的。路由控制机制用于控制网络通信的路由路径，确保通信的安全性。

8）公证机制：公证机制用于在网络通信中提供第三方公正服务，主要用来对通信的矛盾双方因事故和信用危机导致的责任纠纷进行公证仲裁，确保通信的公正性和可信性。

2.5　网络安全框架模型

2.5.1　信息保障技术框架

信息保障技术框架（Information Assurance Technical Framework，IATF）是一个全面的信息安全框架，它结合了技术、政策和人员等多个方面的因素，为组织提供了保护其信息和信息技术设施的指南和方法，提出了信息保障时代信息基础设施的全套安全需求。

IATF通过其代表理论——深度防御（Defense in Depth）体系的策略来全面描述信息安全

保障体系。深度防御也称为纵深防御，即采用一个多层次的、纵深的安全措施来保障用户信息及信息系统的安全。在纵深防御战略中，强调人、技术、操作这三个核心要素，从多种不同的角度对信息系统进行防护，支撑起网络和基础设施、区域边界、计算环境、支持性基础设施这四个信息安全保障区域，进而实现组织的任务运作，形成保障框架，如图2-6所示。

图2-6 深度防御体系

人（People）：信息体系的主体，是信息系统的拥有者、管理者和使用者，是信息保障体系的核心，是第一位的要素，同时也是最脆弱的。

技术（Technology）：技术是实现信息保障的重要手段，信息保障体系所应具备的各项安全服务就是通过技术机制来实现的。

操作（Operation）：也称运行，它构成了安全保障的主动防御体系，强调在所有环境中应用一致的安全操作和过程，包括物理、逻辑和数据。如果说技术的构成是被动的，那操作和流程就是将各方面技术紧密结合在一起的主动的过程，其中包括风险评估、安全监控、安全审计、跟踪告警、入侵检测、响应恢复等内容。

保护网络和基础设施：通过一系列技术和策略来保护网络和基础设施免受未经授权的访问和破坏。

保护区域边界：通过防御措施来保护组织内部的网络边界，以防止未经授权的访问和数据泄露。

保护计算环境：保护计算机系统和应用程序免受恶意软件、钓鱼攻击和其他威胁。

支持性基础设施：建立和维护支持组织信息安全的基础设施，包括安全策略、培训和意识提升。

2.5.2 WPDRRC模型

WPDRRC安全模型是在PDR模型、P2DR模型及PDRR等模型的基础上提出的适合我国国情的网络动态安全模型，如图2-7所示。WPDRRC模型在PDRR模型的基础上增加了预警（Warning）和反击（Counterattack）两个环节，全面地涵盖了各个安全因素，突出了人、策略、管理的重要性，反映了各个安全组件之间的内在联系。

图2-7 WPDRRC信息安全模型

WPDRRC模型有六个环节和三大要素。六个环节包括预警、保护、检测、响应、恢复和反击。六个环节具有较强的时序性和动态性，能够较好地反映出信息系统安全保障体系的预警能力、保护能力、检测能力、响应能力、恢复能力和反击能力。三大要素包括人员、策略和技术，人员是核心，策略是桥梁，技术是保证。三大要素落实在WPDRRC模型六个环节的各个方面，将安全策略变为安全现实。

2.5.3　PDR模型

PDR模型是由美国国际互联网安全系统公司（ISS）提出的，它是最早体现主动防御思想的一种网络安全模型。PDR模型建立在基于时间的安全理论基础之上，该理论的基本思想是：信息安全相关的所有活动，无论是攻击行为、防护行为、检测行为还是响应行为，都要消耗时间，因而可以用时间尺度来衡量一个体系的能力和安全性。

PDR模型是一个可量化、可数学证明、基于时间的安全模型，它通过防护、检测和响应三个环节来保护网络、系统以及信息的安全，如图2-8所示。

防护（Protection）：采用一切可能的措施来保护网络、系统以及信息的安全。保护通常采用的技术及方法主要包括加密、认证、访问控制、防火墙以及防病毒等。

检测（Detection）：可以了解和评估网络和系统的安全状态，为安全防护和安全响应提供依据。检测技术主要包括入侵检测、漏洞检测以及网络扫描等技术。

响应（Response）：解决安全问题就是解决紧急响应和异常处理问题，因此，建立应急响应机制，形成快速安全响应的能力，对网络和系统而言至关重要。

2.5.4　PDRR模型

PDRR模型是一个被广泛应用于网络安全领域的框架，强调信息安全保障的四个重要环节，即防护（Protection）、检测（Detection）、响应（Response）和恢复（Recovery）。模型中的四个环节是相互关联、相互影响的，为网络安全防御体系提供一个主体架构，以描述网络安全的整个环节。其中，防护是第一道防线，用于防止安全事件的发生；检测是第二道防线，用于发现安全事件；响应是第三道防线，用于对安全事件进行应急处理；恢复是最后一道防线，用于在发生安全事件后恢复系统的正常运行，如图2-9所示。

图2-8　PDR模型

图2-9　PDRR模型

防护：通过采用一切可能的措施来保护网络、系统以及信息的安全。这些措施主要包括加密、认证、访问控制、防火墙以及防病毒等技术及方法。

检测：了解和评估网络和系统的安全状态，为安全防护和安全响应提供依据。主要的检测技术包括入侵检测、漏洞检测以及网络扫描等。

响应：建立应急响应机制，形成快速安全响应的能力。

恢复：当网络或系统受到攻击后，需要尽快恢复正常运行，包括数据恢复、系统修复等操作。

PDRR模型的特点在于强调了网络安全防御的主动性和动态性，通过防护、检测、响应和恢复四个环节的有机结合，可以有效地保护网络、系统和信息的安全。同时，PDRR模型也注重了在安全事件发生后的恢复能力，以确保系统能够尽快恢复正常运行。

在实际应用中，PDRR模型可以为企业、组织或个人提供一种全面的网络安全解决方案。通过加强防护措施、定期检测漏洞、建立应急响应机制和制定恢复计划等手段，可以有效地提高网络安全水平，减少安全事件的发生，并降低安全事件发生后的损失。

2.5.5　P2DR模型

P2DR模型是可适应网络安全理论（或称为动态信息安全理论）的主要模型，它包含四个主要部分：Policy（策略）、Protection（防护）、Detection（检测）和Response（响应），如图2-10所示。策略是模型的核心，所有的防护、检测和响应都是依据安全策略实施的。网络安全策略一般包括总体安全策略和具体安全策略两个部分。

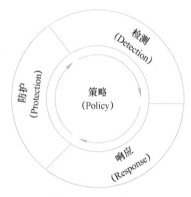

图2-10　P2DR模型

策略：定义系统的监控周期、确立系统恢复机制、制定网络访问控制策略和明确系统的总体安全规划及原则。

防护：通过修复系统漏洞、正确设计开发和安装系统来防止安全事故的发生；通过定期检查来发现可能存在的系统脆弱性；通过教育等手段，使用户和操作员正确使用系统，防止意外威胁；通过访问控制、监视等手段来防止恶意威胁。采用的防护技术通常包括数据加密、身份认证、访问控制、授权和虚拟专用网（VPN）技术、防火墙、安全扫描和数据备份等。

检测：是动态响应和加强防护的依据，通过不断地检测和监控网络系统，来发现新的威胁和弱点，通过循环反馈来及时做出有效的响应。当攻击者穿透防护系统时，检测功能就发挥作用，与防护系统形成互补。

响应：系统一旦检测到入侵，响应系统就开始工作，进行事件处理。响应包括应急响应和恢复处理，恢复处理又包括系统恢复和信息恢复。

P2DR模型中的防护、检测和响应组成了一个完整的、动态的安全循环，在安全策略的整体指导下保证信息系统的安全。防护主要是通过采用一些传统的静态安全技术及方法来实现，如防火墙、加密、认证等；检测是通过不断地检测和监控网络及系统，来发现新的威胁和弱点，通过循环反馈来及时做出有效的响应；响应是在检测到安全漏洞和安全事件之后及时做出正确的响应，从而把系统调整到安全状态。

P2DR模型是一种可量化的、基于时间的安全模型，它可以用公式$Pt>Dt+Rt$来描述。其中Pt是系统为了保护安全目标设置各种保护后的防护时间，或者理解为在这样的保护方式下，黑客（入侵者）攻击安全目标所花费的时间；Dt是从入侵者开始发动入侵开始，系统能够检测到入侵行为所花费的时间；Rt是从发现入侵行为开始，系统能够做出足够的响应，将系统调整到正常状态的时间。如果满足$Pt>Dt+Rt$的条件，即防护时间大于检测时间加响应时间，那么在入侵者危害安全目标之前就能被检测到并及时处理。

实训任务

➥ 任务1　扫描网络端口

任务目标

- ○ 掌握Network Scanner的安装。
- ○ 学会使用Network Scanner。

任务环境

- ○ 用户系统：Windows操作系统。
- ○ 实用工具：Network Scanner扫描器。

任务要求

- ○ 完成Network Scanner的安装。
- ○ 完成Network Scanner程序选项设置。
- ○ 找到目标机开放端口。

任务实施

1）安装并打开Network Scanner，如图2-11所示。

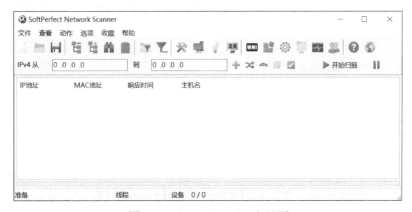

图2-11　Network Scanner主界面

2）在开始主界面中，单击"选项"命令，在弹出的选项中单击"程序选项"，如图2-12所示。

图2-12　单击"程序选项"

3）在选项界面中，单击"工作站"选项卡，勾选所需选项，单击"确认"按钮，如图2-13所示。

图2-13　选择扫描项目

4）单击"端口"选项卡，勾选想要显示的端口类别，单击"确认"按钮，如图2-14所示。

5）回到主界面，会发现出现"TCP端口""DNS查询"等端口信息标签。

6）在IPV4对应的文本框内输入扫描的IP范围，单击"开始扫描"按钮，扫描结果中显示了主机IP及对应的开放端口，如图2-15所示。

图2-14　选择端口

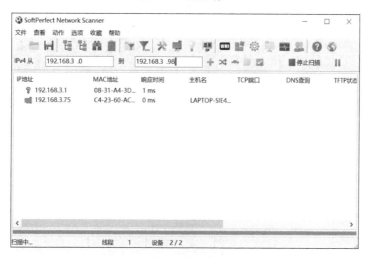

图2-15　扫描结果

任务小结

通过这次任务，学会了应用Network Scanner软件对网络IP进行相应的扫描，通过对工作站和端口类型的设置，可以准确监测到正在监听的TCP端口，同时对端口扫描原理也有了更深入的了解。

任务2　扫描系统漏洞

任务目标

○　掌握使用Shadow Security Scanner对目标主机进行综合检测，查看相关漏洞信息。

任务环境

❍ 用户系统：Windows操作系统。

❍ 实用工具：Shadow Security Scanner扫描器。

任务要求

❍ 完成Shadow Security Scanner软件的安装。

❍ 完成系统漏洞扫描。

任务实施

1）下载Shadow Security Scanner软件包并进行安装。

2）打开Shadow Security Scanner程序主界面，如图2-16所示。

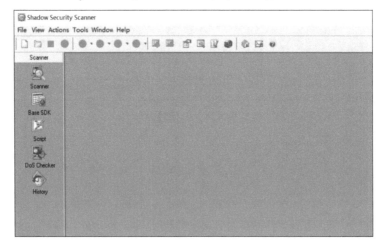

图2-16　程序主界面

3）单击工具栏中的"New session"新建对话，如图2-17所示。

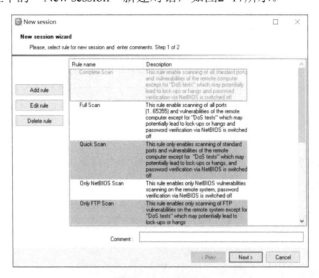

图2-17　新建对话

4）单击"Add rule"按钮，弹出"Create new rule"对话框，如图2-18所示。

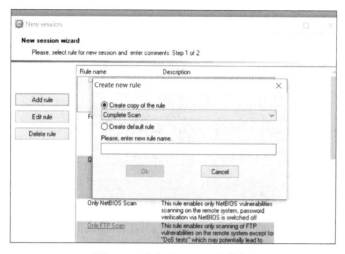

图2-18 单击"Add rule"按钮

5）选择并创建规则，如图2-19所示。

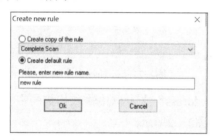

图2-19 选择并创建规则

6）单击"Ok"按钮，打开"Security Scanner Rules"对话框，选择相应规则内容，如图2-20所示。

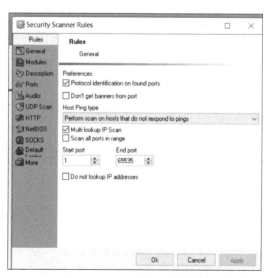

图2-20 选择相应规则内容

7）单击"Ok"按钮，返回到"New session"对话框，即可看到新创建的规则。

8）选中创建的规则后，单击"Next"按钮，进入添加扫描主机对话框，如图2-21所示。

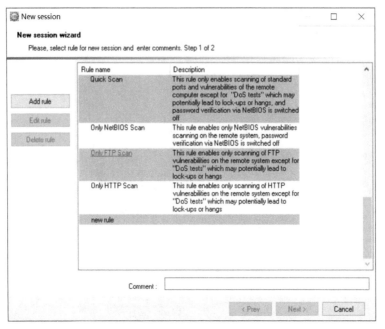

图2-21　添加扫描主机

9）在"Host name or IP Address"文本框中输入扫描的主机IP地址，单击"Ok"按钮，即可看到添加的IP地址段，如图2-22所示。

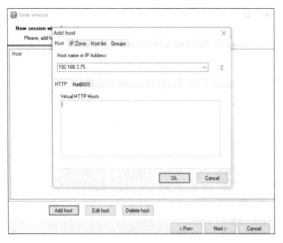

图2-22　添加扫描主机信息

10）单击"Next"按钮，即可完成扫描项目的创建并返回主窗口，在其中看到所添加的主机。

11）单击工具栏上的"Start scan"（开始扫描）按钮，即可开始对目标计算机进行扫描，并可在"Statistics"选项卡中查看扫描进程，如图2-23所示。

12）待扫描结束后，在"Vulnerabilities"（漏洞）选项卡中可看到扫描出的漏洞程序，单击相应的漏洞程序，可在下方看到该漏洞的介绍以及补救措施，如图2-24所示。

图2-23　查看扫描过程

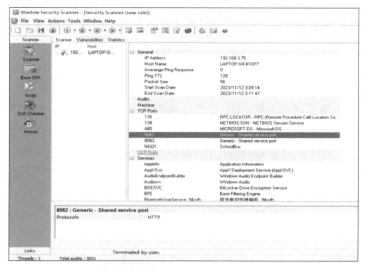

图2-24　查看扫描结果

任务小结

通过这次任务，学会了应用Shadow Security Scanner软件对网络IP进行相应的扫描，通过对收集的信息进行分析，发现系统设置中容易被攻击的地方和可能的错误，得出对所发现问题的可能的解决方法。

拓展阅读

首创TRP-AI反病毒引擎，助力网络安全新发展

2018年在央视盛大开播大型电视纪录片《大国重器》（第二季），通过全景式的"重器巡礼"，全面展现中国制造的实力与魅力。其中第六集《赢在互联》，主要讲述了大数据、云计算、移动互联网等新一代信息技术，它们正以前所未有的力量，改变着人类的思维、生产、生活和学习方式。从"缺芯少屏"到"芯屏器和"，从世界上最长的单根无接头海光缆、中国自主研发的第一台7纳米芯片刻蚀机到中国第一条柔性屏生产线。从Pre5G通信技术

到人脸识别技术，从智慧大脑到智慧云端，赢在互联时代的中国重器已经崭露头角。腾讯安全联合实验室作为网络安全领域代表搬上荧幕，全面还原了2017年影响用户规模最大的"暗云Ⅲ"木马攻防战，充分展现了其在互联网核心安全技术领域的突破与创新成就。

继人工智能医学影像产品"觅影"及软件空间安全测绘系统"阿图因"之后，腾讯2018年再次宣布另一项人工智能安全产品——TRP-AI反病毒引擎正式落地。该引擎基于腾讯先进的AI应用场景研究，结合腾讯安全团队长期对Android平台恶意代码的检测和病毒攻防对抗经验，设计了实时行为监测、抗免杀技术强、深度学习的AI反病毒引擎，可大幅提升病毒查杀效率。

该引擎首次引入基于APP行为特征的动态检测，并结合AI深度学习，对新病毒和变种病毒有更强的泛化检测能力，能够及时发现未知病毒、变异病毒和及时发现病毒恶意代码云控加载，更为智能地保护网络安全。

与此同时，TRP-AI反病毒引擎在国际和国内范围内都拥有海量病毒行为样本，可实时训练生成最新的AI模型用以保障前端用户AI引擎的模型更新。除此之外，它还利用了云端集群计算能力来保障前端响应的实时性和低计算压力。

反病毒引擎作为对抗网络病毒的核心技术，通常是指依赖于一个特定的数据描述集合来完成计算机病毒检测和清除的一组程序模块，而这个特定的数据描述集合，就是病毒库。

TRP-AI反病毒引擎通过成熟的AI技术对应用行为进行深度学习，配合系统层的行为监控能力，基于AI芯片的独立、高效的计算能力，配合传统安全引擎，有效解决未知应用所带来的安全风险，实时识别并阻断恶意行为，做到低功耗、高智能的实时终端安全防护。

未来，以腾讯为代表的互联网安全厂商将持续推进网络安全行业信息共享、协同作战，构筑起中国互联网的"正义者联盟"，进一步为国家夯实虚拟世界的铜墙铁壁，维护、保障国家网络安全，成为当之无愧的国之重器。

课后思考与练习

一、单项选择题

1. 实施防御措施，进行安全策略及控制时，可执行的操作不包括（　　）。
   A. 访问控制　　　　B. 密码策略　　　　C. 数据备份　　　　D. 监控过滤
2. 通过路由跟踪实用程序，用来显示数据包到达目标主机所经过的路径的命令是（　　）。
   A. netstat　　　　B. nslookup　　　　C. tracert　　　　D. arp
3. 分布式拒绝服务攻击主要是攻击（　　）。
   A. 网络层　　　　B. 数据链路层　　　　C. 传输层　　　　D. 应用层

二、简答题

1. 简述DDoS的攻击过程。
2. 简述ARP欺骗的原理。
3. 常见的网络安全框架有哪些？

模块3 计算机病毒与木马防护

学习目标

○ 培养对计算机系统安全的防范意识。
○ 培养发现问题和解决问题的基本能力。
○ 了解计算机病毒的定义、分类和查杀。
○ 了解木马的起源、定义和分类。
○ 理解计算机病毒的工作原理和木马的工作原理。
○ 掌握计算机病毒的特征和病毒检测方法。
○ 掌握木马的特点与功能。

在数字化的世界中，计算机和互联网已经渗透到生活的方方面面。与此同时，计算机安全问题也日益凸显，尤其是恶意软件（如病毒、木马等）的威胁。它们不仅可以破坏个人数据，还可能窃取个人信息，甚至控制计算机进行非法活动。计算机病毒和木马是现代数字时代的一大威胁，它们可以悄无声息地侵入计算机系统。安全漏洞、数据泄露、网络诈骗、勒索病毒等网络安全威胁，以及有组织、有目的的网络攻击形势，为网络安全防护工作带来更多挑战。

本模块详细分析了计算机病毒的定义、分类、工作原理、检测方法、木马的基本概念、木马工作原理及木马查杀方法等，最后通过具体的实验任务展示了病毒查杀和恶意代码带来的网络安全威胁。

本模块知识思维导图如图3-1所示。

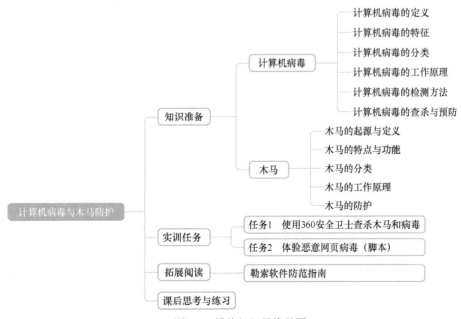

图3-1 模块知识思维导图

知识准备

3.1　计算机病毒

3.1.1　计算机病毒的定义

在计算机病毒出现以前，病毒是一个纯生物学的概念，是自然界普遍存在的一种生命现象。病毒是一种独特的传染物质，它能够利用宿主细胞的营养物质自主地复制病毒自身的DNA或者RNA及蛋白质等生命组成物质的微小生命体。

借鉴生物病毒的自我复制与遗传特性，被誉为"计算机病毒之父"弗雷德·科恩（Fred Cohen）于1983年11月3日，在UNIX系统下，编写了一个会自动复制并在计算机间进行传染从而引起系统死机的小程序。该程序对计算机并无害处，潜伏于更大的合法程序当中，通过软盘（现在的计算机已不再用该存储介质）传到计算机上。

1984年，科恩为了证明其理论，在大学老师的建议下，将这些程序以论文发表，在其博士论文给出了计算机病毒的第一个学术定义，这也是今天公认的标准，从而引起了轰动。1987年弗雷德·科恩在其著名的论文《计算机病毒》（*Computer Viruses*）中首先提出了关于"计算机病毒"的概念。在论文中把计算机病毒定义为："计算机病毒是一种计算机程序，它通过修改其他程序把自身或其演化体插入它们中，从而感染它们。"他同时证明，这样的病毒能够在任何允许信息共享的系统中传播，不论是否有安全技术。1988年弗雷德·科恩著文强调："计算机病毒不是利用操作系统的错误或缺陷的程序。它是正常的用户程序，它仅使用那些每天都使用的正常操作。"弗雷德·科恩在接受美国广播公司采访时说："你可以在捣蛋鬼回家以前编写防御程序，保证最终一些病毒可以突破那些防线。"

与生物病毒相似，关于计算机病毒的定义颇多，概括起来有两类：狭义的定义和广义的定义。

狭义的计算机病毒，专指那些具有自我复制功能的计算机代码。《中华人民共和国计算机信息系统安全保护条例》中明确定义，计算机病毒指"编制或者在计算机程序中插入的破坏计算机功能或者破坏数据，影响计算机使用并且能够自我复制的一组计算机指令或者程序代码"。

广义的计算机病毒（又称恶意代码，Malicious Codes）是指在未明确提示用户或未经用户许可的情况下，在用户的计算机或其他终端上安装并运行，对网络或系统会产生威胁或潜在威胁，侵犯用户合法权益的计算机代码。

广义的计算机病毒涵盖诸多类型，主要包括狭义的计算机病毒、特洛伊木马、计算机蠕虫、后门、逻辑炸弹、Rootkit、僵尸网络、间谍软件、广告软件、勒索软件、挖矿软件等。如非特别指明，计算机病毒可以泛指所有可对计算机系统造成威胁或潜在威胁的计算机代码。

计算机病毒是人为制造的，有破坏性，又有传染性和潜伏性的，对计算机信息或系统起破坏作用的程序。它不是独立存在的，而是隐蔽在其他可执行的程序之中。计算机中病毒后，轻则影响机器运行速度，重则死机破坏系统。

3.1.2　计算机病毒的特征

计算机病毒的主要特征是具有繁殖性、破坏性、传染性、潜伏性、衍生性、可触发性、隐蔽性、寄生性、可执行性、攻击的主动性、病毒的针对性等。下面详细介绍部分特征：

1. 繁殖性（自我复制性）

计算机病毒可以像生物病毒一样进行繁殖，当正常程序运行时，它也进行自身复制，是否具有繁殖、感染的特征是判断某段程序是否为计算机病毒的首要条件。计算机病毒的繁殖性是计算机病毒不断深化的基础，通过不断地繁殖，产生尽可能多的子代。

2. 破坏性

破坏性是计算机病毒的本质体现，依据破坏性程度可以分为良性和恶性。良性主要是炫耀表现而无破坏行为，例如，占用大量的系统资源、干扰用户正常工作等。恶性主要行破坏之实，例如，窃取敏感数据、破坏系统、破坏文档、损坏硬件等。

3. 传染性

传染性是计算机病毒的基本特征，也是判断某段程序是否为计算机病毒的重要条件，是计算机病毒的本质体现，也是扩大攻击面、不断演化的基础。计算机病毒传染性是指计算机病毒通过修改别的程序将自身的复制品或其变体传染到其他无毒的对象上，这些对象可以是一个程序也可以是系统中的某一个部件。计算机病毒的传染一般需要借助特定的传输介质，如计算机网络、移动磁盘等，将自身副本传染至其他目标系统。

4. 潜伏性

计算机病毒潜伏性是指计算机病毒可以依附于其他媒体寄生的能力，侵入后的病毒潜伏到条件成熟才发作。为逃避查杀，计算机病毒多数感染目标后并不会立即表现出破坏性，而是隐匿于系统中，等待触发时机。一旦时机成熟，触发条件满足时，计算机病毒就极力繁殖、四处扩散、破坏资源。计算机病毒的潜伏性是为了适应外部环境、保护自身、更好繁殖等。

5. 衍生性

计算机病毒的衍生性是指由一种母体病毒演变为另一种病毒变种的特性。由于计算机病毒是由某种计算机语言编码而成的，在相关技术条件下，多数计算机病毒可被逆向工程解析为可阅读的计算机程序源代码；通过对计算机病毒源代码的理解与修改，增添或删除某些代码，就能衍生为另一种计算机病毒变种，这在脚本类病毒（如宏病毒）中尤为常见。计算机病毒的多态、加花、加密、加壳等相关特性，都可视为其衍生性的自然扩展与应用。

计算机病毒的衍生性是计算机病毒变种不断出现，计算机病毒越来越复杂、越来越难以查杀的理论基础，也是计算机病毒不断进化的证明。

6. 可触发性

计算机病毒一般都被设定了一些触发条件，例如，系统时钟的某个时间或日期、系统运行了某些程序等。一旦条件满足，计算机病毒就会"发作"，使系统遭到破坏。

计算机病毒的可触发性实际上是一种条件控制机制，用以控制感染、破坏行为的发作时间与频率。当所设定的触发条件因某个事件或数值而满足时，计算机病毒便会触发而实施感染或攻击行为。计算机病毒可设定的触发条件很多，主要有时间、日期、文件类型、特定操作或特定数据等。例如，CIH病毒会在每个月26日触发。当计算机病毒完成感染而加载时，会检查触发机制所设定条件是否满足，如果满足条件，则启动感染操作或破坏行为；否则就继续潜伏，静待时机。

3.1.3 计算机病毒的分类

计算机病毒通常是指可以自我复制、向其他文件传播的程序。一旦计算机感染了病毒，就会引起大多数软件故障，造成系统运行缓慢、不断重启或用户无法正常操作计算机、硬件损坏的严重危害。

1. 按照病毒攻击的系统分类

1）攻击DOS系统的病毒：主要针对早期的DOS操作系统，它们通过感染可执行文件或引导扇区来传播，如"黑色星期五"等。

2）攻击Windows系统的病毒：主要针对微软公司的Windows操作系统进行攻击，如"勒索病毒""木马"等。通过多种途径传播，如电子邮件、网络下载等。

3）攻击UNIX系统的病毒：主要针对UNIX操作系统，针对UNIX操作系统进行攻击，如"Slammer""Sobig"等。通常通过感染可执行文件或共享库来传播。

4）攻击OS/2系统的病毒：这类病毒主要针对OS/2操作系统，如IBM OS/2、Warp等。它们通常通过感染可执行文件或引导扇区来传播。

2. 按照病毒的攻击机型分类

1）攻击微型计算机的病毒：主要针对个人计算机，如台式计算机、笔记本计算机等。它们通常通过U盘、移动硬盘等外部存储设备传播，如"熊猫烧香"等。

2）攻击小型机的计算机病毒：主要针对小型机，如IBM AS/400、HP 9000等。它们通常通过局域网或专用网络传播，如"ILOV"等。

3）攻击工作站的计算机病毒：主要针对图形工作站，如SGI、Sun等。它们通常通过局域网或专用网络传播，如"红色代码"等。

3. 按照病毒的链接方式分类

1）源码型病毒：病毒将自身代码插入宿主程序的源代码中，当宿主程序被执行时，病毒代码也被执行，如"米开朗基罗"等。

2）嵌入型病毒：病毒将自己嵌入到宿主程序的中间或末尾，当宿主程序被执行时，病毒代码也被执行，如"Tequila"等。

3）外壳型病毒：病毒将自己包裹在宿主程序的外部，当宿主程序被执行时，会先执行病毒代码，再执行宿主程序，如"DIR-2"等。

4）操作系统型病毒：病毒将自己寄生在操作系统的内核中，当操作系统启动时，病毒也会被加载并运行，这类病毒直接感染操作系统文件，如"CIH"等。

4. 按照病毒的破坏情况分类

1）良性计算机病毒：病毒不会对计算机系统造成实质性的破坏，但可能会影响计算机的正常运行。例如，它们可能会修改系统设置、显示一些图片或文字等。

2）恶性计算机病毒：病毒会对计算机系统造成严重的破坏，可能导致数据丢失、系统崩溃等问题。例如，它们可能会删除文件、加密数据、篡改系统配置等。

5. 按照病毒的寄生方式分类

1）引导型病毒：病毒寄生在磁盘引导扇区或主引导记录中，当计算机启动时，病毒会被加载并运行。通常寄生在磁盘引导区，当计算机启动时，会先执行病毒代码，如"大麻花"等。

2）文件型病毒：病毒寄生在可执行文件或数据文件中，当这些文件被执行时，会先执行病毒代码，如"红色代码"等。

3）复合型病毒：具有多种寄生方式，例如，同时寄生在引导扇区和可执行文件中，既可以感染引导扇区，也可以感染可执行文件或数据文件。

6. 按照病毒的传播媒介分类

1）单机病毒：这类病毒通过可移动存储介质（如U盘、移动硬盘）传播，只能在一台计算机上运行。

2）网络病毒：这类病毒通过网络传播，可以在多台计算机上运行和传播。

7. 按照算法功能分类

根据使用的算法功能，计算机病毒可分为病毒、蠕虫、木马、后门、逻辑炸弹、间谍软件、勒索软件等。蠕虫是指通过系统漏洞、电子邮件、共享文件夹、即时通信软件、可移动存储介质来传播自身的计算机病毒；木马是指在用户不知情、未授权的情况下，感染用户系统并以隐蔽方式运行的计算机病毒；后门可视为木马的一种类型；逻辑炸弹是指在特定逻辑条件下实施破坏的计算机病毒；间谍软件是指在用户不知情的情况下，在其计算机系统上安装后门、收集用户信息的计算机病毒；勒索软件（勒索病毒）是指黑客用来劫持用户资产或资源，并以此为条件向用户勒索钱财的一种计算机病毒，是现阶段影响最广、数量最多的一类计算机病毒。

3.1.4 计算机病毒的工作原理

计算机病毒作为一种特殊的计算机程序，除具有常规的相关功能外，还具备病毒引导、传染、触发和表现等相关功能。这些功能决定了计算机病毒的逻辑结构。一般来说，计算机病毒结构主要分为病毒引导模块、病毒传染模块和破坏模块（主要由病毒触发模块和病毒表现模块组成）。

1）病毒引导模块：用于将计算机病毒程序从外部存储介质中加载并驻留于内存，并使后续的传染模块、触发模块或破坏模块处于激活状态。

2）病毒传染模块：用于在目标系统进行磁盘读写或网络连接时，判断该目标对象是否符合感染条件，如符合条件则将病毒程序传染给对方并伺机破坏。

3）病毒触发模块：用于判断计算机病毒所设定的逻辑条件是否满足，如果满足则启动表现模块，进行相关的破坏或表现操作。

4）病毒表现模块：该模块是计算机病毒在触发条件满足后所执行的一系列表现或具有

破坏作用的操作，以显示其存在并达到相关攻击目的。

计算机病毒后两个模块的运行是需要一定条件的，当引导部分将它们引入系统内存中后，便会等到系统状态满足某些条件时才被真正触发，如果条件无法满足，传染模块与破坏模块便不能进行自我复制、传播与系统破坏。

计算机病毒的工作原理基于它对内存的控制。病毒传染的第一步是驻留内存，一旦进入内存之后，病毒就会寻找机会，判断是否满足条件，如果满足就可以将病毒写入磁盘系统。病毒一般是通过各种方式把自己植入内存之中，获取系统的最高控制权，从而感染在内存中运行的程序。系统运行为病毒驻留内存创造了条件。

计算机病毒的工作过程包括：传染源、传染媒介、病毒激活、病毒触发、病毒表现、传染。

1）传染源：病毒总是依存于某些存储媒介，如计算机网络、移动存储介质、硬盘等。

2）传染媒介：可以是网络、可移动的存储媒介等。

3）病毒激活：是指那些将病毒装入内存，并设置了触发条件，一旦触发条件成熟，病毒就开始自我复制到传染对象中，进行各种破坏活动。

4）病毒触发：计算机病毒一旦被激活，立刻就会发生作用，触发条件多种多样，有可能是内部时钟、系统日期、用户标识符、也可能是系统的一次通信等。

5）病毒表现：有时在屏幕显示出来，有时则表现为破坏系统数据。凡是软件技术能触及的地方，都在其表现范围之内。

6）传染：是病毒的重要标志，在传染环节中，病毒复制一个自身副本到传染对象中，计算机病毒的传染是以计算机系统的运行及读写磁盘为基础的，没有这样的条件，计算机病毒是不会传染的。只要计算机运行就会有磁盘读写动作，病毒传染的两个先决条件就很容易得到满足。

3.1.5　计算机病毒的检测方法

1. 比较法

比较法是通过正常对象与被检测对象的比较，确定是否感染病毒的方法，包括注册表比较法、长度比较法、内容比较法、内存比较法、中断比较法等。比较法简单方便，无须专用软件，是反计算机病毒常用的方法，尤其在发现新计算机病毒时，只有靠手工比较才能检测出来。但是，比较法通常无法确定计算机病毒的种类和名称。

2. 校验和法

校验和法是通过检测文件现有内容计算出来的校验和与保存的正常文件的校验和是否一致，确定文件是否被篡改染毒的方法。首先通过MD5或SHA等算法生成每个未感染文件的校验和（消息摘要），并将其作为该文件独特的数字指纹保存至校验和数据库中。然后在每次扫描文件时，重新计算生成每个文件的校验和，并将其与当初校验和数据库进行比对，如相关校验和发生改变，则提示该文件已发生改变，有可能被计算机病毒感染。

校验和法的优点是既能发现已知病毒，又能发现未知病毒。其缺点是，需要事先保存正常状态（未感染文件）的校验和，不能确定计算机病毒的种类和名称，误报率高。

3. 特征扫描检测法

先从计算机病毒样本中选择、提取特征码，再用该特征码去匹配待扫描的文件，如果匹配度高于设定的阈值，则认为该扫描文件内包含计算机病毒。用计算机病毒特征码对被检测文件进行扫描和特征匹配的方法，是查杀软件使用的主要方法。这种方法原理简单、实现容易、误报率低、可识别病毒类别和名称，但需维护计算机病毒特征码库，无法检测未知病毒和变异病毒。

计算机病毒特征码的表示形式主要包括校验和、特征字符串、特殊汇编码等。

4. 行为监测法

通过监测运行的程序行为，以发现是否有病毒行为（病毒具有的特殊行为）。常见的计算机病毒行为特征有写注册表、自动联网、对可执行文件进行写入、使用特殊中断等。但这种方法实现起来有一定难度。

5. 感染实验法

通过计算机病毒感染实验，比较正常和可疑系统运行程序的现象、结果、程序长度、校验和等信息，来确定是否感染病毒的方法。

6. 分析法

计算机病毒是一段人为编制的程序代码，由于个人习惯导致计算机病毒中包含各类具有鲜明编程个性化的特殊字符或有特殊含义且普通程序没有的字符串或代码，如病毒编制者姓名、病毒版本、病毒重定位代码等。专业人士可使用专用分析工具和专用实验环境，分析检测计算机病毒，如特殊字符串特征码、特殊汇编码特征码等。例如，在检测计算机病毒时，可以将此类特殊字符串或编码等作为分析对象或特征码，在待检测文件中查找此类特征码，或在逆向分析计算机病毒样本时，将此类具有特殊含义的病毒反汇编码的十六进制数据作为该病毒的特征码。

3.1.6 计算机病毒的查杀与预防

计算机病毒入侵计算机后会占用计算机的大量内存，自动修改内存容量，并自动消耗内存，严重时会导致计算机死机。同时病毒还会破坏计算机文件，自动重命名文件或者删除、替换文件内容，导致计算机大部分数据丢失以致无法使用。

1. 计算机病毒的查杀方法

计算机病毒的查杀方法通常有删除、隔离、封锁。

1）删除，是将计算机病毒从磁盘系统中彻底删除。但有时无法简单一删了之，有可能会"牵一发而动全身"。此时，可考虑将与病毒相关的文件进行隔离。

2）隔离，即将计算机病毒移至一个事先设置好的文件夹或沙箱中，并限制外部访问（可按如下步骤完成：运行gpedit.msc打开本地组策略编辑器→依次打开"Windows设置"→"安全设置"→"软件限制策略"，在"其他规则"中右击选择"新建路径规则"，再选择要隔离的文件夹，且将安全级别设置为不允许）。如果隔离也无法奏效，则考虑进行权限限制与封锁。

3）封锁，对有些通过软件漏洞并借助网络传播的计算机病毒而言，必要的限制措施能有效阻止其向外蔓延传播，从而避免造成更大、更多的破坏。依据轻重缓急原则，可按如下流程选择适当限制措施：断网→关闭相关服务（Web、邮件、BBS等）→关闭相关网络端口。例如，当遭遇蠕虫病毒感染时，其会借助相关软件漏洞并通过网络外向传播，为避免外向扩散，应先关闭内网与外网连接，必要时进行物理断网。如果发现病毒通过发送邮件向外传播，则可关闭邮件服务器以阻止其进一步外发邮件传播。部分蠕虫病毒可能会利用漏洞并借助相关端口外传，只要关闭相关网络端口即可阻止其向外扩散。

具体来说，计算机病毒查杀可分别在安全模式和正常模式下进行。

（1）安全模式下查杀病毒

多数计算机病毒在运行后会分成两部分：内核驱动和病毒进程，且两者会相互监视、相互配合。如果病毒进程被删除，其内核驱动会重新创建一个病毒进程；反之亦然，如果内核驱动被删除，病毒进程也会重新复制一个.SYS驱动文件。这也是有些计算机病毒貌似已被删除，但重启后又能复活的根本原因。因此，如果想要彻杀此类病毒，则需要各个击破，将病毒的内核驱动与病毒进程全部删除。在安全模式下，Windows系统只加载必需的组件，导致多数计算机病毒无法正常运行。此时，先将病毒内核驱动文件删除，由于病毒进程没有运行，故无法重新复制病毒内核驱动文件；然后删除病毒加载项和相关病毒文件，并重启系统。在重启系统并进入安全模式后，由于病毒内核驱动和病毒进程都无法加载，病毒自然就不能启动。此时，进入病毒杀灭扫尾阶段，将所有与病毒相关联的文件在确认后全部删除即可。

（2）正常模式下查杀病毒

相对于在安全模式下杀灭病毒，在正常模式下杀灭病毒的难度增大。由于病毒内核驱动和病毒进程会同时运行且相互监控，通常会导致删除病毒内核驱动后，病毒进程会发现并重新加载，反之亦然。因此，建议在安全模式下完成计算机病毒杀灭，以取得彻底清除效果。

若无法进入安全模式，必须在正常模式下杀灭病毒，可考虑按如下步骤进行杀灭：①停止病毒服务，终止病毒进程；②若无法终止病毒所有进程，则先删除注册表等启动项，重启后再删除病毒文件；③若仍无法删除病毒，则先删除所有病毒文件，重启后再删除启动项；④若上述方法仍无法奏效，则禁止进程和线程创建，再进行病毒文件和启动项删除。

2. 计算机病毒的预防措施

计算机病毒的生命周期是指从病毒编写、传播、感染、攻击完成等的全过程。由于涉及的阶段与环节多而杂，对计算机病毒进行完整防御是一项复杂而艰巨的系统工程。但通常可以从以下几方面对计算机病毒进行有效的预防，做到未雨绸缪。

1）备份计算机数据：无论自己认为计算机有多安全，都是有可能会被病毒感染的，因此，定期备份计算机中的数据是非常必要的。

2）安装和更新防病毒软件：安装防病毒软件并保持其更新是防止计算机感染病毒的重要手段。

3）不打开来自陌生人的邮件或下载附件：陌生邮件或下载不明的文件是计算机感染病毒的常见途径，因此，对来自陌生人的邮件或下载附件保持警惕。

4）不访问不安全的网站：这些网站可能会植入病毒或者恶意代码，对我们的计算机造成威胁。

5）关闭自动运行功能：关闭自动运行功能可以防止插入U盘中的病毒感染计算机。

6）及时更新操作系统和应用软件：很多情况下，都是计算机感染病毒造成破坏了，人们才会自问一句"这些病毒是怎么进来的？"这通常是因为操作系统或者应用软件存在漏洞而没有及时更新，造成病毒由网络感染入侵。

7）关闭共享文件夹：工作中，会使用到共享文件夹，但是如果管理不当，也会带来一定的安全风险。比如共享文件夹中的数据资料莫名被修改或者删除；共享文件夹里的内容可以轻易被复制、粘贴等。

8）设置安全的账户密码：简单的密码容易被黑客工具破解，所以设置一个相对安全的账户密码是预防病毒入侵的一个较好的办法。

3.2　木马

3.2.1　木马的起源与定义

木马也被称为"Trojan horse"（特洛伊木马），是一种计算机恶意软件，也是一种基于远程控制的黑客工具。木马由英国计算机黑客玛丽·李斯特于1980年创造，该木马可以让用户访问其他用户的计算机系统，从而查看或窃取用户的信息。计算机木马（又名间谍程序）是一种后门程序，常被黑客用作控制远程计算机的工具。

木马与一般的病毒不同，它不会自我繁殖，也不刻意地去感染其他文件。它通过将自身伪装吸引用户下载执行，向施种木马者提供打开被种主机的门户，使施种者可以任意毁坏、窃取被种者的文件，甚至远程操控被种主机。木马严重危害着现代网络的安全运行。

3.2.2　木马的特点与功能

计算机木马是一种恶意软件，它的特点是能够在不被用户察觉的情况下悄悄地进入计算机系统，并在后台执行恶意任务。

1. 木马的特点

（1）隐蔽性

计算机木马可以非常隐蔽地进入计算机系统，不被用户察觉。这是因为木马通常隐藏在其他程序或文件中，或者伪装成合法程序或文件。在运行时，它们会尽可能地减少对计算机性能和网络带宽的影响，以避免被发现。

（2）操作远程控制

计算机木马的另一个特点是可以通过远程控制进行操作。黑客可以利用木马远程控制被感染的计算机，例如访问、修改、删除或上传文件，监视用户活动，启动系统服务或程序等。

（3）窃取敏感信息

计算机木马还可以窃取计算机系统中的敏感信息，例如用户账户和密码、信用卡信息、个人资料等。黑客可以利用这些信息进行非法活动，例如盗窃财产、欺诈和身份盗窃等。

（4）传播性

计算机木马可以通过多种方式进行传播，例如通过电子邮件、即时消息、P2P文件共享、下载软件等。黑客可以利用社交工程和其他技术手段欺骗用户下载和安装木马。

（5）可定制性

计算机木马通常具有可定制的功能，黑客可以根据自己的需求进行配置和修改。这些修改可以包括添加或删除功能、修改命令和控制方式、添加或删除启动项等。这使得木马具有更强的灵活性和适应性，从而更难被发现和清除。

2. 木马的功能

（1）远程管理文件

对被控主机的系统资源进行管理，如复制文件、删除文件、查看文件以及上传/下载文件等。

（2）开启后门，打开未授权的服务

为远程计算机安装常用的网络服务，令它为黑客或其他非法用户服务。例如，被木马设定为FTP文件服务器后的计算机，可以提供FTP文件传输服务、为客户端打开文件共享服务，这样，黑客就可以轻松获取用户硬盘上的信息。

（3）监视远程屏幕

实时截取屏幕图像，可以将截取到的图像另存为图片文件，还可以实时监视远程用户目前正在进行的操作。

（4）控制远程计算机

通过命令或远程监视窗口直接控制远程计算机。例如，控制远程计算机执行程序、打开文件或向其他计算机发动攻击等。

（5）窃取数据

以窃取数据为目的，本身不破坏计算机的文件和数据，不妨碍系统的正常工作。它以系统使用者很难察觉的方式向外传送数据，典型代表为键盘和鼠标操作记录型木马。

3.2.3　木马的分类

1. 破坏型

这种木马唯一的功能就是破坏并且删除文件，它们非常简单，很容易使用，能自动删除目标机上的DLL、INI、EXE文件，所以非常危险，一旦被感染就会严重威胁到计算机的安全。

2. 密码发送型

这种木马可以找到目标机的隐藏密码，并且在受害者不知道的情况下，把它们发送到指定的信箱。有人喜欢把自己的各种密码以文件的形式存放在计算机中，认为这样方便；还有人喜欢用Windows提供的密码记忆功能，这样就可以不必每次都输入密码了。这类木马恰恰是利用这一点获取目标机的密码，它们大多数会在每次启动Windows时重新运行，而且多使用25号端口发送E-mail。如果目标机有隐藏密码，这些木马是非常危险的。

3. 远程访问型

这种木马可以远程访问被攻击者的硬盘，只需先运行服务端程序，同时获得远程主机的IP地址，控制者就能任意访问受控端的计算机，进行任意操作。例如，国产冰河和灰鸽子就是这种类型的木马，它们可以自动跟踪目标机屏幕变化，同时完全模拟键盘及鼠标输入。

4. 键盘记录木马

记录受害者的键盘敲击并且在LOG文件里查找密码，并且随着Windows的启动而启动。有在线和离线记录的选项，可以分别记录用户在线和离线状态下敲击键盘时的按键情况，并且很容易从中得到密码等有用信息。这种类型的木马很多都具有邮件发送功能，会自动将密码发送到黑客指定的邮箱。

5. DoS攻击木马

随着DoS攻击越来越广泛应用，被用作DoS攻击的木马也流行起来。黑客控制的"肉鸡"数量越多，发动DoS攻击取得成功的概率就越大。

还有一种类似DoS的木马叫作邮件炸弹木马，一旦机器被感染，木马就会随机生成各种各样主题的信件，对特定的邮箱不停地发送邮件，一直到对方瘫痪、不能接收邮件为止。

6. FTP木马

这种木马可能是最简单和古老的木马了，它的唯一功能就是打开21端口，等待用户连接。现在新FTP木马还加上了密码功能，只有攻击者本人才知道正确的密码，从而进入对方计算机。

7. 反弹端口型木马

反弹端口型木马的服务端（被控制端）使用主动端口，客户端（控制端）使用被动端口。为了隐蔽起见，控制端的被动端口设为80。即令用户使用扫描软件检查端口时，发现类似TCP UserIP:1026 Controller IP:80 ESTABLISHED的情况，以为是自己在浏览网页，因为浏览网页都会打开80端口。

8. 代理木马

黑客在入侵的同时掩盖自己的足迹，谨防别人发现自己的身份，因此，他们会给被控制的"肉鸡"种上代理木马，让其变成攻击者发动攻击的跳板，这就是代理木马最重要的任务。通过代理木马，攻击者可以在匿名的情况下使用Telnet、ICQ、IRC等程序，从而隐蔽自己的踪迹。

3.2.4　木马的工作原理

木马程序典型结构为客户端/服务器（Client/Server，C/S）模式，服务器端（被攻击的主机）程序在运行时，黑客可以使用对应的客户端直接控制目标主机。其工作原理可以简单概括为：潜伏、感染、控制。

操作系统用户权限管理中有一个基本规则，就是在本机直接启动运行的程序拥有与使用者相同的权限。假设用户管理员的身份使用机器，那么从本地硬盘启动的一个应用程序就享有管理员权限，可以操作本机的全部资源。但是从外部接入的程序一般没有对硬盘操作访问的权限。木马服务器端就是利用了这个规则，植入目标主机，诱导用户执行，获取目标主机的操作权限，以达到控制目标主机的目的。

首先，木马程序会通过隐藏在合法程序中的方式，潜入用户的计算机系统中，这个过程称为"潜伏"。然后，木马程序会在用户不知情的情况下，将控制程序寄生于被感染的计算机系统中，这个过程被称为"感染"。最后，当满足一定的条件时（例如，特定的时间或用户操作等），木马程序会在后台启动并连接到攻击者的服务器。攻击者通过客户端程序控制服务器端程序（即木马程序）执行各种恶意行为，如窃取用户信息、破坏系统文件等。

木马的服务器端程序需要植入目标主机，植入目标主机后作为响应程序。客户端程序是用来控制目标主机的部分，安装在控制者的计算机上，它的作用是连接木马服务器端程序，监视或控制远程计算机。服务器端程序与客户端建立连接后，客户端（控制端）就可以发送各类控制指令对服务器端（被控主机）进行完全控制，其权限几乎与被控主机的本机操作权限完全相同。

木马软件的终极目标是实现对目标主机的控制，但是为了实现此目标，木马软件必须采取多种方式伪装，以确保更容易地传播，更隐蔽地驻留在目标主机中。

1. 木马种植原理

木马程序最核心的一个要求是,能够将服务器端程序植入目标主机。木马种植（传播）的方式一般包括以下3种。

（1）钓鱼邮件

木马传播者将木马服务器端程序以电子邮件附件的方式附加在电子邮件中，针对特定主机发送或群发，当用户单击阅读电子邮件时，附件中的程序就会在后台悄悄下载到本机。

（2）捆绑在各类软件中

黑客经常把木马程序捆绑在各类补丁、注册机、破解程序等软件中进行传播，当用户下载相应的程序时，木马程序也会被下载到自己的计算机中，这类方式的隐蔽度和成功率较高。

（3）网页挂马

网页挂马是在正常浏览的网页中嵌入特定的脚本代码，当用户浏览该网页时，嵌入网页的脚本就会在后台自动下载木马并执行。网页挂马大多利用浏览器的漏洞来实现，也有利用ActiveX控件或钓鱼网页来实现的。

2. 木马程序隐藏

木马程序为了能更好地躲过用户的检查，悄悄控制用户系统，必须采用各种方式隐藏在用户系统中。木马为了达到长期隐藏的目的，通常会同时采用多种隐藏技术。木马程序隐藏的方式有很多，主要包括以下4类：

1）通过将木马程序设置为系统隐藏或是只读属性来实现隐藏。

2）通过将木马程序命名为和系统文件的名称极度相似的文件名，从而使用户误认为其是系统文件而被忽略。

3）将木马程序存放在不常用或难以发现的系统文件目录中。

4）将木马程序存放的区域设置为坏扇区的硬盘磁道。

3.2.5　木马的防护

常用的防范木马程序的措施有以下几种：

1）及时修补漏洞。安装补丁可以保持软件处于最新状态，同时也修复了最新发现的漏洞。通过漏洞修复，极大程度地降低利用系统漏洞植入木马的可能性。

2）选用实时监控程序、反病毒软件等。在运行下载的软件之前进行检查，防止可能发生的攻击；使用木马程序清除软件，删除系统中存在的感染程序；为系统安装防火墙，增加黑客攻击的难度。

3）增强风险意识，不使用来历不明的软件和U盘等移动存储设备。下载软件时尽量到官方网站或大型软件下载站进行，以保证所下载的软件的安全性。不要浏览危险网站，包括一些黑客、色情网站等。

4）加强邮件监控管理，拒收垃圾邮件。不轻易打开陌生邮件，对带有附件的邮件，最好用查杀病毒或木马清除软件进行查杀后再打开附件。

5）尽量不要单击Office宏运行提示，避免来自Office组件的病毒感染。

6）对网页进行检测，确认是否被挂马。可以利用专业检测工具进行检测。

实训任务

任务1　使用360安全卫士查杀木马和病毒

任务目标

❍　掌握使用360安全卫士查杀计算机中的木马和病毒的方法。

❍　了解查杀过程中遇到的木马病毒。

任务环境

❍　操作系统：Windows 7、Windows 8、Windows 10等。

❍　查杀软件：360安全卫士。

任务要求

❍　使用360安全卫士在计算机里进行快速查杀，查杀结束后清除病毒和木马。

任务步骤

1）双击"360安全卫士"图标打开软件。

2）单击上方的"木马查杀"，然后单击正中间的"快速查杀"按钮，如图3-2所示。

图3-2　360安全卫士木马查杀界面

3）在下方可以选择全盘查杀、按位置查杀等。

4）查杀过程中会显示一些危险项，出现感叹号说明有危险，如图3-3所示。

图3-3　常规模式扫描界面

5）查杀完成后，可以单击"一键处理"按钮完成危险项处理，如图3-4所示。

图3-4　木马查杀完成界面

6）处理完成后，显示已成功处理危险项目，计算机恢复健康，如图3-5所示。

图3-5　木马处理完成界面

任务小结

通过本次用360安全卫士查杀计算机中的木马和病毒的任务，了解了使用工具查杀木马和病毒的一些简单方法，加深了对查杀工作的体验，增强对网络安全的学习兴趣。

任务2　体验恶意网页病毒（脚本）

任务目标

- ○　了解什么是脚本。
- ○　了解什么是恶意网页病毒。
- ○　理解恶意网页病毒入侵的方式。

任务环境

- ○　操作系统：Windows XP、Windows 7、Windows 8、Windows 10等。

任务要求

- ○　利用记事本创建4个文本文档，分别为：创建.txt（功能为在C盘中创建一个test.html文件）；修改.txt（功能为修改test.html文件的内容）；复制.txt（功能为将test.htm复制到桌面）；删除.txt（将桌面上的test.htm格式文件删除）。
- ○　分别将创建.txt、修改.txt、复制.txt、删除.txt 4个文件重命名为以.htm为扩展名的文件，并执行，观察任务结果。

任务实施

1）在桌面上分别利用记事本创建4个文本文档，文档名称为创建.txt、修改.txt、复制.txt、删除.txt，如图3-6所示。

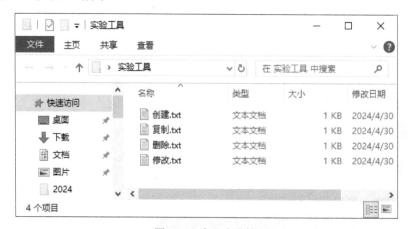

图3-6　4个文本文档

2）依次打开创建.txt、修改.txt、复制.txt、删除.txt，输入相应执行脚本的内容，并将文件依次另存为网页文件（.htm），如图3-7～图3-10所示。

创建.txt - 记事本

文件(F)　编辑(E)　格式(O)　查看(V)　帮助(H)

```
<HTML>
<HEAD>
<TITLE>创建文件c:\TEST.HTM</TITLE>
<SCRIPT LANGUAGE="VBScript">
<!--
 Dim fso, f1
set fso = CreateObject("Scripting.FileSystemObject")
set f1 = fso.CreateTextFile("c:\TEST.HTM", True)
-->
</SCRIPT>
</HEAD>
<BODY>
```

图3-7　创建.txt文件

修改.txt - 记事本

文件(F)　编辑(E)　格式(O)　查看(V)　帮助(H)

```
<HTML>
<HEAD>
<TITLE>修改文件内容c:\TEST.HTM</TITLE>
<SCRIPT LANGUAGE="VBScript">
<!--
   Dim fso, tf
   set fso = CreateObject("Scripting.FileSystemObject")
   set tf = fso.CreateTextFile("c:\TEST.HTM", True)
   '写一行，并带有一个换行字符。
   tf.WriteLine("<html><body>文件内容修改成功。</body></html>")
   '向文件写三个换行字符
   'tf.WriteBlankLines(3)
   '写一行
   tf.Write ("This is a test.")
   tf.Close
-->
</SCRIPT>
</HEAD>
<BODY>
```

图3-8　修改.txt文件

复制.txt - 记事本

文件(F)　编辑(E)　格式(O)　查看(V)　帮助(H)

```
<html>
<head>
<title>复制文件c:\TEST.HTM</title>
<SCRIPT LANGUAGE ="VBScript">
<!--
      Dim fso,srcFile,destFile
      set fso =CreateObject("Scripting.FileSystemObject")
      srcFile="c:\TEST.HTM"
      destFile="c:\Documents and Settings\Administrator\桌面\"
      fso.CopyFile srcFile,destFile,True
-->
</SCRIPT>
</head>
<body>
</body>
</html>
```

图3-9　复制.txt文件

图3-10　删除.txt文件

3）打开计算机C盘，查看C盘下是否有test.htm文件，如图3-11所示。

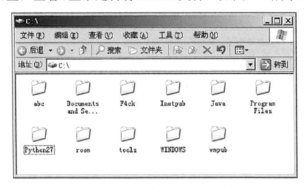

图3-11　C盘没有test.htm文件

4）在浏览器中打开创建.htm文件，看到如图3-12所示界面，单击"确定"按钮，然后允许阻止的内容，出现图3-13所示界面，单击界面上提示部分的内容，选择"允许阻止的内容…"，在弹出的对话框（见图3-14）中选择"是"。

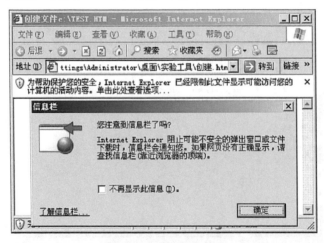

图3-12　警告对话框

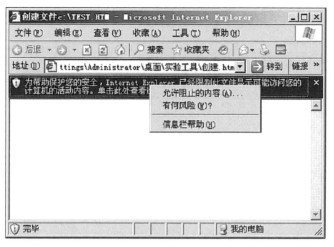

图3-13 允许阻止的内容

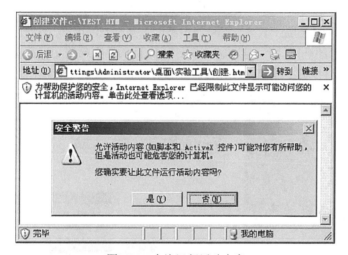

图3-14 允许运行活动内容

5）重新查看C盘是否有test.htm格式的文件，如图3-15所示，在C盘根目录下已经生成了一个新的test.htm文件。同时打开test.htm文件查看其内容。

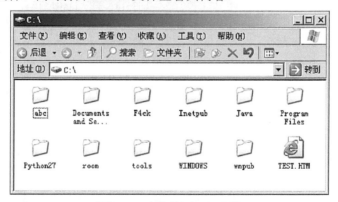

图3-15 生成的test.htm文件

6）在浏览器中打开修改.htm脚本文件，单击"确定"按钮，允许阻止的内容，完成对

test.htm内容进行修改。再次打开C盘下的test.htm，看到修改后的test.htm网页内容如图3-16所示，说明修改成功。

图3-16　修改后的test.htm网页

7）同理，按照以上创建.txt、修改.txt的步骤，对复制.txt和删除.txt进行对应操作，可看到任务结果如图3-17和图3-18所示。当执行删除.htm时，如果删除的文件存在，则提示"删除成功"；如果删除的文件不存在或路径不正确等，则会提示"文件不存在"，如图3-19所示。

图3-17　复制.htm执行结果

图3-18　删除.htm执行结果

图3-19　删除不成功

任务小结

通过本次恶意网页病毒（脚本）的任务操作了解了什么是脚本、什么是恶意网页病毒，理解了恶意网页病毒入侵的方式，对病毒有了更进一步认识。

拓展阅读

勒索软件防范指南

——国家计算机网络应急技术处理协调中心《勒索软件防范指南》

勒索软件是黑客用来劫持用户资产或资源实施勒索的一种恶意程序。黑客利用勒索软件，通过加密用户数据、更改配置等方式，使用户资产或资源无法正常使用，并以此为条件要求用户支付费用以获得解密密码或者恢复系统正常运行。主要的勒索形式包括文件加密勒索、锁屏勒索、系统锁定勒索和数据泄露勒索等。主要的传播方式包括钓鱼邮件传播、网页挂马传播、漏洞传播、远程登录入侵传播、供应链传播和移动介质传播等。

1. 勒索软件防范"九要"

1）要做好资产梳理与分级分类管理。清点和梳理组织内的信息系统和应用程序，建立完整的资产清单；梳理通信数据在不同信息系统或设备间的流动方向，摸清攻击者横向移动的可能路径；识别内部系统与外部第三方系统间的连接关系，尤其是与合作伙伴共享控制的区域，降低勒索软件从第三方系统进入的风险；对信息系统、数据进行分级分类，识别关键业务和关键系统，识别关键业务和关键系统间的依赖关系，确定应急响应的优先级。

2）要备份重要数据和系统。重要的文件、数据和业务系统要定期进行备份，并采取隔离措施，严格限制对备份设备和备份数据的访问权限，防止勒索软件横移，对备份数据进行加密。

3）要设置复杂密码并保密。使用高强度且无规律的登录密码，要求包括数字、大小写字母、符号，且长度至少为8位的密码，并经常更换密码；对于同一局域网内的设备杜绝使用同一密码，杜绝密码与设备信息（例如IP、设备名）具有强关联性。

4）要定期安全风险评估。定期开展风险评估与渗透测试，识别并记录资产脆弱性，确定信息系统攻击面，及时修复系统存在的安全漏洞。

5）要常杀毒、关端口。安装杀毒软件并定期更新病毒库，定期全盘杀毒；关闭不必要的服务和端口，包括不必要的远程访问服务（3389端口、22端口），以及不必要的135、139、445等局域网共享端口等。

6）要做好身份验证和权限管理。加强访问凭证颁发、管理、验证、撤销和审计，防止勒索软件非法获取和使用访问凭证，建议使用双因子身份认证；细化权限管理，遵守最小特权原则和职责分离原则，合理配置访问权限和授权，尽量使用标准用户而非管理员权限用户。

7）要严格访问控制策略。加强网络隔离，使用网络分段、网络划分等技术实现不同信息设备间的网络隔离，禁止或限制网络内机器之间不必要的访问通道；严格远程访问管理，限制对重要数据或系统的访问，若无必要则关闭所有远程管理端口，若必须开放远程管理端口，则使用白名单策略结合防火墙、身份验证、行为审计等访问控制技术细化访问授权范围，定期梳理访问控制策略。

8）要提高人员安全意识。为组织内人员和合作伙伴提供网络安全意识教育；教育开发人员开发和测试环境要与生产环境分开，防止勒索软件从开发和测试系统传播到生产系统。

9）要制定应急响应预案。针对重要信息系统，制定勒索软件应急响应预案，明确应急人员与职责，制定信息系统应急和恢复方案，并定期开展演练；制定事件响应流程，必要时请专业安全公司协助，分析清楚攻击入侵途径，并及时加固堵塞漏洞。

2．勒索软件防范"四不要"

1）不要点击来源不明的邮件。勒索软件攻击者常常利用受害者关注的热点问题发送钓鱼邮件，甚至还会攻陷受害者单位或熟人的邮箱向受害者发送钓鱼邮件，不要点击此类邮件正文中的链接或附件内容。如果收到了单位组织内或熟人的可疑邮件，可直接拨打电话向其核实。

2）不要打开来源不可靠的网站。不浏览色情、赌博等不良信息网站，此类网站经常被勒索软件攻击者发起挂马、钓鱼等攻击。

3）不要安装来源不明的软件。不要从不明网站下载安装软件，不要安装陌生人发送的软件，警惕勒索软件伪装为正常软件的更新升级。

4）不要插拔来历不明的存储介质。不要随意将来历不明的U盘、移动硬盘、闪存卡等移动存储设备插入机器。

3．勒索软件应急处置方法

当机器感染勒索软件后，不要惊慌，可立即开展以下应急工作，降低勒索软件产生的危害。

1）隔离网络。采用拔掉网线或者禁用网络等方式切断受感染机器的网络连接，避免网络内其他机器被进一步感染渗透。

2）分类处置。当发现机器上的重要文件尚未被加密时，应立即终止勒索软件进程或者关闭机器，及时止损；当发现机器上的重要文件已被全部加密时，可保持机器开机原状态，等待专业处置。

3）及时报告。及时报告网络管理员，通知其他可能会受到勒索软件影响的人员。造成重大影响时，及时向网络安全主管部门报告。

4）排查加固。立即视情况切断网络内机器间不必要的网络连接，修改网络内机器的弱强度密码。全面排查勒索软件植入途径，并及时堵塞漏洞。尽快对网络内机器进行全面漏洞扫描与安全加固。

5）专业恢复。请专业公司和人员进行数据和系统恢复工作。

▶▶▶▶
课后思考与练习

一、单项选择题

1. 计算机病毒是（　　）。

    A．一种有破坏性的程序　　　　　　　B．使用计算机时容易感染的一种疾病

    C．一种计算机硬件系统故障　　　　　D．计算机软件系统故障

2. 计算机病毒主要破坏信息的（　　　）。
    A. 可审性和保密性　　　　　　　　　　B. 不可否认性和保密性
    C. 保密性和可靠性　　　　　　　　　　D. 完整性和可用性

3. 下面关于计算机病毒描述错误的是（　　　）。
    A. 计算机病毒具有传染性
    B. 通过网络传染计算机病毒，其破坏性大大高于单机系统
    C. 如果染上计算机病毒，该病毒会马上破坏计算机系统
    D. 计算机病毒破坏数据的完整性

4. 下列不属于计算机病毒特性的是（　　　）。
    A. 传染性　　　　　　B. 潜伏性　　　　　　C. 可预见性　　　　　D. 破坏性

5. 关于预防计算机病毒说法正确的是（　　　）。
    A. 仅需要使用技术手段即可有效预防病毒
    B. 仅通过管理手段即可有效预防病毒
    C. 管理手段与技术手段相结合才可有效预防病毒
    D. 必须有专门的硬件支持才可预防病毒

6. 下面关于计算机病毒说法正确的是（　　　）。
    A. 都具有破坏性　　　　　　　　　　　B. 有些病毒无破坏性
    C. 都破坏 EXE 文件　　　　　　　　　D. 不破坏数据

7. 下面能有效预防计算机病毒的方法是（　　　）。
    A. 尽可能地多做磁盘碎片整理　　　　　B. 及时升级防病毒软件
    C. 尽可能地多做磁盘清理　　　　　　　D. 把重要文件压缩存放

8. 下面关于木马的说法错误的是（　　　）。
    A. 木马不会主动传播　　　　　　　　　B. 木马通常没有既定的攻击目标
    C. 木马更多的目的是"偷窃"　　　　　D. 木马有特定的图标

9. 计算机病毒平时潜伏在（　　　）。
    A. 内存　　　　　　B. 外存　　　　　　C. CPU　　　　　　D. I/O 设备

二、简答题

1. 计算机病毒的特征有哪些？
2. 计算机病毒有哪些分类？
3. 计算机木马有哪些特点？木马可实现的功能有哪些？

模块4 数据加密

学习目标

- ❑ 增强信息安全意识。
- ❑ 增强对网络安全技术的理解和团队精神。
- ❑ 了解加密技术的最新发展和趋势。
- ❑ 了解常见的加密算法和协议。
- ❑ 掌握数据加密的基本概念和原理。
- ❑ 掌握加密技术在网络安全中的应用。

随着计算机和互联网的广泛应用，加密技术不断发展并得到广泛应用。加密作为一项古老而传统的技术，最早可以追溯到公元前1900年，古希腊和古罗马将其用于军事目的，至今已有近4 000年的历史。加密的过程是使用算法将数据转换为一种新的形式，在这种新形式下如果没有密钥很难辨认原始数据内容。加密主要由两个部分组成：算法和密钥。

本模块将通过案例详细分析数据加密的基本概念、传统加密方式、加密算法、数字签名、散列函数、消息认证、常见密码破解等相关技术。

本模块知识思维导图如图4-1所示。

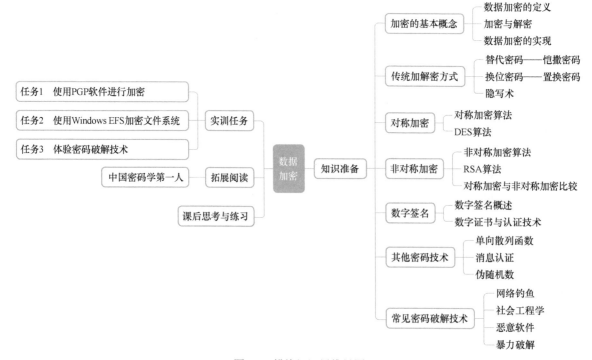

图4-1　模块知识思维导图

模块4 数据加密

知识准备

4.1 加密的基本概念

4.1.1 数据加密的定义

数据加密是指将信息（以下统称为明文，即原始信息，未经过加密）通过加密技术变为不易读取的密文，而接收者则利用解密技术将密文信息转化为明文信息的过程。数据加密的目的是为了保护数据在存储状态下和在传输过程中不被窃取、解读和利用。

4.1.2 加密与解密

将原始信息转化为密文的过程即为加密过程，而将密文转化为原始信息的过程则是解密过程，如图4-2所示。这两个过程包括两个元素：算法和密钥。其中，算法是将普通的信息或者可以理解的信息与一串数字（密钥）结合，产生不可理解的密文。密钥是用来对数据进行加密和解密的一种算法，在安全保密中，可通过适当的加密技术和管理机制来保证网络的信息通信安全。

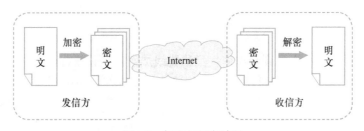

图4-2 加密与解密过程

4.1.3 数据加密的实现

数据加密可以分为两种途径实现：一种是通过硬件，另一种是通过软件。通常所说的数据加密是指通过软件对数据进行加密。网络中常用的OSI参考模型如图4-3所示，通过硬件实现的数据加密可以在模型中的多层实现，包括链路加密、节点加密和端到端加密。

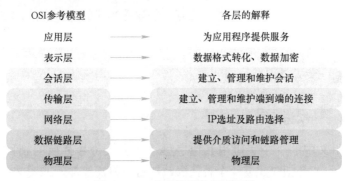

图4-3 OSI参考模型及各层解释

1. 链路加密

链路加密，也被称为在线加密或链路级加密，是一种在数据传输过程中对其进行加密的方法。链路加密仅在数据链路层进行加密。在这种方法中，信息在每台节点机内都要被解密和再加密，依次进行，直至到达目的地。接收方是传送路径上的各台节点机，每个中间传输节点的信息在解密后需要重新加密。因此，包括路由信息在内的链路上的所有数据均以密文形式出现。

在采用链路加密的网络中，每条通信链路上的加密都是独立实现的。通常对每条链路使用不同的加密密钥。链路加密的加密算法常采用序列密码。

2. 节点加密

节点加密是对链路加密的改进。在协议传输层上进行加密，主要是对源节点和目标节点之间的传输数据进行加密保护，与链路加密不同，节点加密不允许消息在网络节点以明文形式存在，它先把收到的消息进行解密，然后采用另一个不同的密钥进行加密，这一过程是在节点上的一个安全模块中进行。然而，节点加密要求报头和路由信息以明文形式传输，以便中间节点能得到如何处理消息的信息。

节点加密能给网络数据提供较高的安全性，但是它在操作方式上与链路加密是类似的，两者均在通信链路上为传输的消息提供安全性，都在中间节点上先对信息进行解密，然后进行加密，因为要对所有的传输数据进行加密，所以加密过程对用户是透明的。

3. 端到端加密

网络层以上的加密称为端到端加密，又称脱线加密，是位于OSI网络层以上的加密。它允许数据在从源点到终点的传输过程中始终以密文形式存在。在端到端加密中，除报头外的报文均以密文的形式贯穿于全部传输过程，只在发送端和接收端才有加、解密设备。对应用层的数据信息进行加密，易于用软件实现，且成本低，但密钥管理困难，主要适合大型网络系统中信息在多个发方和收方之间传输的情况。

端到端加密的主要特点：消息在被传输时到达终点之前不进行解密，因为消息在整个传输过程中均受到保护，所以即使有节点被损坏也不会使消息泄露。

端到端加密系统通常不允许对消息的目的地址进行加密，这是因为每一个消息所经过的节点都要用此地址来确定如何传输消息。由于这种加密方法不能掩盖被传输消息的源点与终点，因此它不利于防止攻击者分析通信过程。

除了以上三种硬件实现的数据加密，还有一些软件实现的加密方法，在接下来的几节当中会逐一进行介绍。

4.2 传统加解密方式

4.2.1 替代密码——恺撒密码

替代就是将明文中的一个字母用其他字母、数字或符号替换的一种方法。替代密码（Substitution Cipher）是指先建立一个替换表，加密时将需要加密的明文依次通过查表，替换为相应的字符，明文字符被逐个替换后，生成无任何意义的字符串，即密文；解密时则利用对应的逆替换表，将需要解密的密文依次通过查表，替换为相应的字符即可恢复出明文。替代密码的密钥就是其替换表。

替代密码又称恺撒密码，如图4-4所示。传说在古罗马时代，发生了一次大战，正当敌方部队向罗马城推进时，古罗马皇帝恺撒向前线司令官发出了一封密信：VWRS WUDIILF。这封密信被敌方情报人员截获，但他们翻遍英文字典，也查不出这两个词的意思。而古罗马军队司令官却很快明白了这封密信的含义，因为古罗马皇帝同时又发出了另一个指令：前进三步，司令官根据这个指令，将每个字母向前推算三个字母，推算出的结果就是：STOP TRAFFIC，为停止运输或停止交通的意思，司令官立即下达了停止作战的命令。

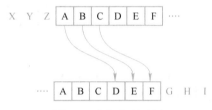

图4-4 替代密码示例

替代密码的算法实现相对简单，可以基于简单的替换操作进行加密和解密。然而它本身的安全性也较低，如果明文中出现连续的相同字符，那么在密文中它们可能仍然保持连续，这会使得攻击者更容易通过统计方法破解密文。

4.2.2 换位密码——置换密码

换位密码（Transposition Cipher）又称为置换密码，这种密码是改变明文消息各元素的相对位置，但明文消息元素本身的取值或内容形式不变。这种密码是把明文中各字符的位置次序重新排列来得到密文的一种密码体制。实现的方法多种多样。直接把明文顺序倒过来，然后排成固定长度的字母组作为密文就是一种最简单的置换密码。

示例：明文为this cryptosystem is not secure（这个密码系统不安全）

密文为eruc、esto、nsim、etsy、sotp、yrcs、iht

它是一种直接将明文按倒序排列的简单置换加密算法，可被直接分析。

示例：明文为this is transposition cipher（这是换位密码），将明文按一定顺序排成一个矩阵：

t	h	i	s
i	s	t	r
a	n	s	p
o	s	i	t
i	o	n	c
i	p	h	e
r			

按列进行读取，并按照明文的长度形成密文：

tiao ii rhsnsopitsinh srptce

换位密码的优点主要在于其简单性和易于实现性。由于其算法简单，因此换位密码在加密和解密过程中可以很容易地实现，并且可以有效地保护信息。此外，换位密码还具有很强的安全性，因为即使攻击者截获了密文，他们也很难推断出原始信息。然而，换位密码也存在一些缺点。首先，它对存储要求很大，有时还要求消息为某个特定的长度，因此比较麻烦。其次，虽然简单换位会改变连续字符之间的依赖，但由于它们保持了每个字符的频率分配，所以易于识别。这使得攻击者有可能通过分析频率分布来破解换位密码。

4.2.3 隐写术

隐写术，也被称为信息隐藏或秘密写作，是一种在开放环境中安全传递私密信息的技术。隐写术是将信息隐藏在另一条消息或实物中以避免被发现的一种方法。隐写术可用于隐藏几乎任何类型的数字内容，包括文本、图像、视频或音频内容。隐藏的数据可以在目标位置处被提取出来。

经典的Simmons模型——囚徒问题：假设Alice和Bob是监狱中的两个囚犯，他们之间的通信需要通过监狱警官Wendy来传达，同时Wendy能看到他们通信的内容，如图4-5所示，Alice和Bob要如何通信才能保证他们想要传达的秘密信息不被Wendy所检测察觉出来？

图4-5　Simmons模型——囚徒问题

在该问题中隐写被定义为Alice与Bob建立一条监听者Wendy无法发现的隐蔽通信线路，如图4-6所示，Alice将秘密信息在嵌入密钥的控制下，通过嵌入算法将隐秘信息隐藏于载体中形成隐秘载体，隐秘载体再通过监狱通道传输给Bob，Bob利用密钥从隐秘载体中恢复出秘密信息的过程。由于隐写可以将秘密信息隐藏到任何一种正常多媒体报文中，因而报文在网上传输时不会引起监听者的注意，从而达到麻痹监听者的目的，即使监听者预知含有秘密信息的载体也很难将信息提取和还原出来。

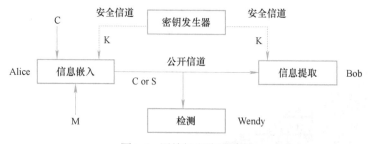

图4-6　囚徒问题隐写过程

如图4-7所示，左边是一棵树的照片，但它内含了隐蔽的图像。如果把每个色彩空间和数字3进行按位与运算，再把亮度增强85倍，就可以得到右边的图片。

隐写术的应用场景非常广泛，例如，版权识别、数字水印、用户识别或指纹、合法用户的身份嵌入水印以识别非法复制、保证图像不被篡改等。

图4-7　隐写术示例

4.3　对称加密

现代的加解密方法在传统加密的基础上又做了一些改进，分为对称加密和非对称加密。对称加密过程如图4-8所示，信息的发送方和接收方使用同一个密钥去加密和解密数据。对称加密的特点是算法公开、加密和解密速度快，适合于对大数据量进行加密。

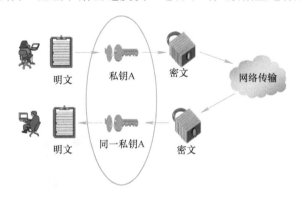

图4-8　对称加密过程

在对称加密过程中涉及以下几个概念：

1）明文：即原始信息或原始数据。

2）加密算法：对明文进行各种替换或转换操作的一种算法。

3）密钥：加密算法的输入，加密算法进行替换或转换的具体操作依赖于这个密钥。

4）密文：经过加密算法打乱的消息输出。密文的输出取决于明文与密钥，对于相同的明文，不同的密钥会产生不同的密文。

5）解密算法：加密算法的逆过程，对称加密算法的特点是解密和加密时使用同一密钥。

4.3.1　对称加密算法

在对称加密算法中，数据发信方将明文和加密密钥一起经过特殊加密算法处理后，使其变成复杂的加密密文发送出去。收信方收到密文后，若想解读原文，则需要使用加密用过的密钥及相同算法的逆算法对密文进行解密，才能使其恢复成可读明文。在对称加密算法中，使用的密钥只有一个，发收信双方都使用这个密钥对数据进行加密和解密，这就要求解密方事先必须知道加密密钥。

对称加密算法可分为两大类型：

1）分组加密：分组加密是极其重要的对称加密协议组成，又称块加密，如图4-9所示。

它的加密过程是先将明文切分成多个等长的模块（block），再使用确定的算法和对称密钥对每组分别加密解密。典型的分组加密算法有DES、AES等。

图4-9　分组加密过程

2）流加密：是对称加密算法的一种，加密和解密双方使用相同伪随机加密数据流（pseudo-random stream）作为密钥，明文数据每次与密钥数据流顺次对应加密，得到密文数据流。实践中数据通常是一个位（bit）并用异或（xor）操作加密。常见的流加密算法有RC4等。

流加密的加密算法核心是按位异或操作，比如字符串"ctf"转换成二进制之后就是0110 0011 0111 0100 0110 0110，使用4位二进制0110作为密钥进行加密。直接将4位的二进制作为一个周期，扩展成0110 0110 0110 0110 0110 0110与原数据二进制等长的二进制串，并和原二进制数据进行按位异或，最终得到的二进制数据0000 0101 0001 0010 0000 0000即为经过流加密后的数据。而如果要解密数据，仅需要再一次将加密后的二进制数据与密钥串进行按位异或，即可得到原数据。

相比分组加密，流加密具有速度快、消耗少的优点，在网络通信的某些特定场景比较有优势。然而流加密的发展落后于分组加密，其安全性、可扩展性、使用灵活性上还是比不上分组加密，同时某些分组加密算法可以兼具流加密的部分特点。因此对称加密的主流仍然是分组加密。

4.3.2　DES算法

数据加密标准（Data Encryption Standard，DES）是1977年美国联邦信息处理标准（FIPS）中所采用的一种对称密码，如图4-10所示。DES需要加密的明文按64位进行分组，因此它也是一种分组加密算法。加密密钥是根据用户输入的密钥生成的，密钥长64位，但密钥事实上是56位参与DES运算（第8、16、24、32、40、48、56、64位是校验位，使得每个密钥都有奇数个1，在计算密钥时要忽略这8位），分组后的明文组和56位的密钥按位替代或交换形成密文组。

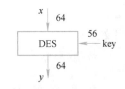

图4-10　DES算法过程

DES算法的入口参数有三个：密钥、数据、工作模式。其中密钥为8个字节共64位，是DES算法的工作密钥；数据也为8个字节64位，是要被加密或被解密的数据；工作模式为DES的工作方式，即加密或解密，当模式为加密模式时，明文按照64位进行分组，形成明文组，key用于对数据加密，当模式为解密模式时，key用于对数据解密。

DES算法加密流程如图4-11所示，具体过程描述如下：

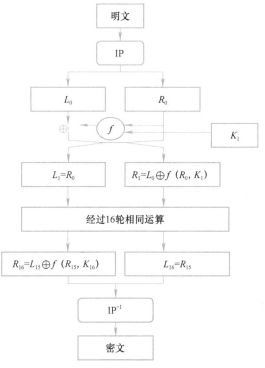

图4-11 DES算法加密流程

1）输入64位明文数据，并进行初始IP置换。置换表（见图4-12）是IBM公司设计好的，初始IP置换就是把64位的明文按照置换表进行位置的改变。

初始置换	逆置换
58 50 42 34 26 18 10 02	40 08 48 16 56 24 64 32
60 52 44 36 28 20 12 04	39 07 47 15 55 23 63 31
62 54 46 38 30 22 14 06	38 06 46 14 54 22 62 30
64 56 48 40 32 24 16 08	37 05 45 13 53 21 61 29
57 49 41 33 25 17 09 01	36 04 44 12 52 20 60 28
59 51 43 35 27 19 11 03	35 03 43 11 51 19 59 27
61 53 45 37 29 21 13 05	34 02 42 10 50 18 58 26
63 55 47 39 31 23 15 07	33 01 41 09 49 17 57 25

图4-12 置换表

2）在初始置换IP后，明文数据再被分为左右两部分，每部分32位，以L_0、R_0表示。

3）在密钥的控制下，经过16轮运算（f）。

4）16轮运算后，左、右两部分交换，并连接在一起，再进行逆置换。

5）输出64位密文。

4.4 非对称加密

非对称加密也叫作公钥加密。对称加密的通信双方使用相同的密钥，如果一方的密钥泄露，那么整个通信就会被破解。而非对称加密使用一对密钥，即公钥和私钥，且二者成对出现。私钥被自己保存，不能对外泄露。公钥指的是公共的密钥，任何人都可以获得该密钥。

用公钥或私钥中的任何一个进行加密，用另一个进行解密。

4.4.1 非对称加密算法

在这种加密方式中，加密和解密使用不同的密钥。发送方使用接收方的公钥对数据进行加密，而接收方则使用自己的私钥对数据进行解密。其加密和解密的过程如图4-13所示。

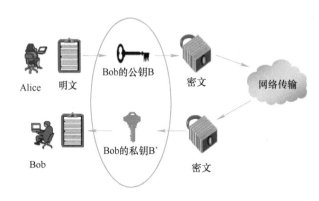

图4-13 非对称加密和解密的过程

加密流程如下：

1）接收方生成一对密钥，即公钥和私钥。

2）接收方将公钥发送给发送方。

3）发送方使用接收方的公钥对待加密数据进行加密，生成密文。

4）发送方将密文发送给接收方。

5）接收方使用私钥对密文进行解密，获得原始数据。

非对称加密算法的最大优点就是不需要对密钥通信进行保密，所需传输的只有公开密钥。这种密钥体制也可以用于数字签名。公开密钥体制的缺点在于加密和解密的运算时间很长，在加密大量数据的应用中受限，这在一定程度上限制了它的应用范围。

由于非对称加密算法的加密和解密使用不同的密钥，因此较难被破解。同时，非对称加密算法也能够实现数字签名、身份认证等功能，因此广泛应用于各种信息安全场合。常见的非对称加密算法有RSA、ECC、ESA等。

4.4.2 RSA算法

RSA算法是1977年由麻省理工学院的罗纳德·李维斯特（Ron Rivest）、阿迪·萨莫尔（Adi Shamir）和伦纳德·阿德曼（Leonard Adleman）一起提出的，RSA就是他们三人姓氏首字母拼在一起组成的。

它通常是先生成一对RSA密钥，其中之一是私钥，由用户保存；另一个为公开密钥，可对外公开，甚至可在网络服务器中注册。为提高保密强度，RSA密钥至少为500位长。这就使加密的计算量很大。为减少计算量，在传送信息时，常采用传统加密方法与公开密钥加密方法相结合的方式，即信息采用改进的DES对话密钥加密，然后使用RSA密钥加密对话密钥和信息摘要。对方收到信息后，用不同的密钥解密并可核对信息摘要。

RSA算法的具体描述如下：

1）任意选取两个不同的素数p和q计算乘积N。

2）确定一个整数e，满足e与（p-1）（q-1）互质，此时用e用做加密钥（e的选取是很容易的，例如，所有大于p和q的素数都可用）。

3）确定解密钥d，满足$e×d$-1能够被（p-1）（q-1）整除。

4）公开整数N和e，秘密保存d。

5）将明文m（$m<N$是一个整数）加密成密文c，加密算法为$c=E$（m）=$m^e \bmod N$。

6）将密文c解密为明文m，解密算法为$m=D$（e）=$c^d \bmod N$。

然而只根据N和e（注意：不是p和q）要计算出d是不可能的。因此，任何人都可对明文进行加密，但只有授权用户（知道d）才可对密文解密。

示例：取素数p=11，q=3，计算乘积N=$p×q$=33，取e与（p-1）（q-1）=20互质的数e=3，然后确定私钥，即取一个d使得$3×d$-1能20被整除，假设取d=7或者d=67（$3×7$-1=20，当然能被20整除，$3×67$-1=200也能被20整除）。

因此公钥为（N=33，e=3），私钥为d=7或者d=67。

假设加密消息m=8，通过加密算法，得到密文C=8^3%33=17。

再来看解密，得到明文M=17^7%33=8或者M=17^{67}%33=8。

4.4.3 对称加密与非对称加密比较（见表4-1）

表4-1 对称加密与非对称加密比较

加密类型	优点	缺点
对称加密	算法简单，加密解密容易，因此速度快	安全性不高，一旦秘钥被拦截信息就会破译
非对称加密	安全，即使密文被拦截、公钥被破解也无法破译密文	加密过程复杂，效率低

4.5 数字签名

对称加密和非对称加密解决了数据加密的问题，但如果双方在通信过程中有人伪造或者篡改了通信信息该怎么办？这就需要用到数字签名和数字证书技术。

4.5.1 数字签名概述

数字签名是一种加密工具，用于对消息进行签名和验证消息签名，以便为数字消息或电子文档提供真实性证明。数字签名如今广泛用于商业和金融行业，例如，用于授权银行支付（汇款）、用于交换已签名的电子文件、用于签署公共区块链系统中的交易、用于签署数字合同和许多其他场景。

如图4-14所示，A将明文进行摘要运算后得到摘要（确保消息完整性），再将摘要用A的私钥加密（身份认证），得到数字签名，将密文和数字签名一起发给B。通信B在收到A的消息后，先将密文用自己的私钥解密，得到明文。将数字签名用A的公钥进行解密后，得到正确的摘要（解密成功说明A的身份被认证了）。然后对明文进行摘要运算，得到实际收到的摘要，将两份摘要进行对比，如果一致，说明消息没有被篡改（消息完整性）。

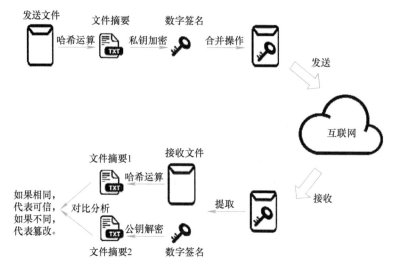

图4-14　数字签名过程

如果通信的双方都不认识对方，如何确保A和B是各自标称的相应实体？这就需要用到数字证书与认证技术。

4.5.2　数字证书与认证技术

以通信B（假设它的名字是鲍勃）为例，如图4-15所示，为了验证自己的身份，B去找证书中心（Certificate Authority，CA），为公钥做认证。证书中心用自己的私钥（根证书），对鲍勃的公钥和一些相关信息一起加密，生成"数字证书"（Digital Certificate）。

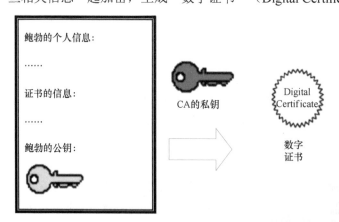

图4-15　数字证书的生成过程

A用证书中心的公钥解开B的数字证书，获得B的公钥信息，把双方传输的对称加密算法用B的公钥加密，然后就可以进行通信了。这里使用的是对称加密，因为非对称加密在解密过程中消耗的时间远远超过对称加密。如果密文很长，那么效率就比较低了。但密钥一般不会特别长，对对称加密密钥的加解密可以提高效率。数字证书认证的完整过程如图4-16所示。

模块4 数 据 加 密

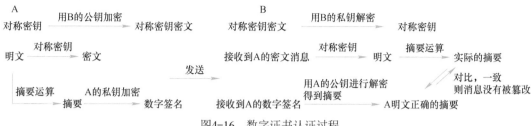

图4-16 数字证书认证过程

4.6 其他密码技术

除了以上的密码技术，还有一些其他较为常用的密码技术，如单向散列函数、消息认证、伪随机数等。

4.6.1 单向散列函数

单向散列函数（One-Way Hash Function）是指对不同的输入值，通过单向散列函数进行计算，得到固定长度的输出值，如图4-17所示。这个输入值称为消息（message），输出值称为散列值（hash value）。

图4-17 单向散列函数

根据消息计算出散列值很容易，但根据散列值却无法反算出消息。尽管单向散列函数所产生的散列值是和原来的消息完全不同的比特序列，但是单向散列函数并不是一种加密，因此无法通过解密将散列值还原为原来的消息。常见的单向散列函数有MD5、SHA-1、SHA-2和SHA-3等。

MD5即Message-Digest Algorithm 5（信息—摘要算法5），用于确保信息传输完整一致，又称摘要算法、哈希算法，主流编程语言普遍已有MD5实现。如图4-18所示，MD5把128bit的信息摘要分成A、B、C、D四段，每段32bit，在循环过程中交替运算A、B、C、D，最终组成128bit的摘要结果。但是目前该方法已经被攻破，所以不再安全。

SHA-2即Secure Hash Algorithm 2（安全散列算法2），是一种密码散列函数算法标准，由美国国家安全局研发，由美国国家标准与技术研究院（NIST）在2001年发布。它属于SHA算法之一，是SHA-1的后继者。其下又可再分为6个不同的算法标准，包括SHA-224、SHA-256、SHA-384、SHA-512、SHA-512/224、SHA-512/256。如图4-19所示，与MD5相比，SHA-2的核心过程更复杂一些，把信息摘要分成了A、B、C、D、E、F、G、H八段。

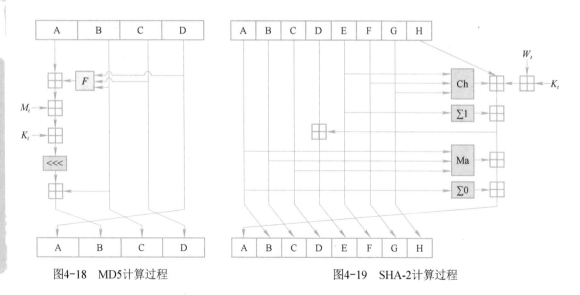

图4-18 MD5计算过程   图4-19 SHA-2计算过程

4.6.2 消息认证

消息认证也叫"报文认证"或"报文鉴别"，是证实收到的报文源自能信任的信息源并没有被改过的过程，消息认证也能证明报文的序列编号与是否及时，如图4-20所示。消息认证是用来验证消息完整性的一种机制或服务。消息认证确保收到的数据和发送时的一样（没有修改、插入、删除或者重放），且发送方声称的身份是真实有效的。消息认证码（Message Authentication Code，MAC）是其中的重要技术。它的输入包括任意长度的消息和一个发送者与接收者之间共享的密钥，它可以输出固定长度的数据，这个数据称为MAC值。

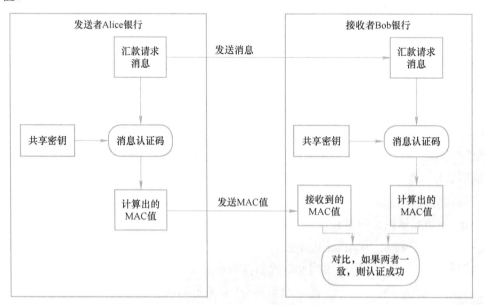

图4-20 消息认证过程

发送者Alice与接收者Bob事先共享密钥；发送者Alice根据汇款请求消息计算MAC值；

发送者Alice将汇款请求和MAC值发送给接收者Bob；接收者Bob根据接收到的汇款请求计算MAC值（使用共享密钥）；接收者Bob将自己计算的MAC值与从Alice处收到的MAC值进行比较，如果两个MAC值不一致，则接收者Bob就可以断定汇款请求不是来自Alice。

由于发送者和接收者都能生成MAC值，所以接收者如果要向第三方验证者证明消息的来源为发送者，第三方验证者是无法证明的。第三方验证者无法判断发送者和接收者谁的主张才是正确的，也就是说，用消息认证码无法防止否认。

4.6.3 伪随机数

随机数是一个特殊的数列，该数列中的每项以同等的概率选取，这种选取不依赖于数列中的其他项。因此，说一个具体的数（如50）是随机的是没有意义的，尽管它可以是某个随机数序列中的某一项。1946年，冯·诺依曼首次给出了使用计算机程序产生随机数的方法，但事实证明这种方法产生的数也并非是随机的。一个普遍的观点是，绝对随机的随机数只是一种理想的随机数，计算机不会产生绝对随机的随机数，只能生成相对随机的随机数，即伪随机数。目前在多种主流的语言中都已经支持生成伪随机数，如Python中的random()函数。

4.7 常见密码破解技术

4.7.1 网络钓鱼

网络钓鱼是指不法分子通过多种手段，试图引诱网民透露重要信息的一种网络攻击方式。这些手段包括网站、语音、短信、邮件、WiFi等。

钓鱼网站是指欺骗用户的虚假网站。钓鱼网站的页面与真实网站差别细微，比如伪装成银行及电子商务网站，从而窃取用户提交的银行账号、密码等私密信息。

钓鱼短信，是由手机短信"群发器"大量发出虚假信息，以"中奖""退税""投资咨询"等名义诱骗受骗者实施汇款、转账等操作。

4.7.2 社会工程学

社会工程学是指通过社交、心理等手段来获取机密信息或者进行非法行为的一种手段。在信息时代，社会工程学已成为黑客攻击的常用手段之一。常见策略包括：

1）伪装成信任的人或机构：攻击者通常会伪装成信任的人或机构，比如冒充银行工作人员、IT支持人员、社交媒体管理员等，通过电话、邮件、社交媒体等方式联系受害者，以获取个人信息或者进行其他非法行为。

2）利用好奇心和求知欲：攻击者会利用人类的好奇心和求知欲，通过诱骗、引导等方式让受害者主动提供信息或者打开恶意链接、下载恶意软件等。

3）利用恐惧和威胁：攻击者会利用受害者的恐惧心理和威胁手段，比如威胁关闭账户、删除数据等，让受害者在恐惧和压力下提供个人信息或者执行非法行为。

4.7.3 恶意软件

恶意软件又称"流氓软件"，指在未明确提示用户或未经用户许可的情况下，在用户计算机或其他终端上安装运行，进行窃取、加密、更改和删除数据以及监控用户等侵犯用户合法权益行为活动的计算机代码或软件。通过采取防范手段，提升人员的防范意识，可以有效减少被恶意软件攻击的概率，降低恶意软件攻击造成的损失。

恶意软件的类型包括病毒、蠕虫、木马、勒索软件、间谍软件、广告软件和键盘记录器。不同类型的恶意软件在攻击方式上有所差异，会造成不同的破坏。

4.7.4 暴力破解

暴力破解是一种针对密码的破译方法，将密码进行逐个推算直到找出真正的密码为止。例如，一个已知是四位并且全部由数字组成的密码，其可能共有10 000种组合，因此最多尝试10 000次就能找到正确的密码。而当遇到人为设置密码（非随机密码，人为设置密码有规律可循）的场景，则可以使用密码字典（例如，彩虹表）查找高频密码，破解时间大大缩短。

设置长而复杂的密码、在不同的地方使用不同的密码、避免使用个人信息作为密码、定期修改密码等是防御暴力破解的有效方法。

实训任务

➥ 任务1　使用PGP软件进行加密

任务目标

- ❍ 学会使用PGP软件进行数据加密，包括密钥生成、公钥交换、文件加密等。
- ❍ 了解PGP软件中不同加密算法的原理。
- ❍ 理解数据加密的重要性。

任务环境

- ❍ 一台Windows 10/Windows 7操作系统的计算机。
- ❍ PGP Desktop软件。

任务要求

- ❍ 使用PGP Desktop生成密钥对。
- ❍ 使用密钥对E-mail进行加密和数字签名。
- ❍ 对E-mail进行解密和验证。

任务实施

1）生成密钥对：使用PGP Desktop中的PGP密钥生成功能，输入全名和邮件信息，系统根据输入信息生成一个密钥对，如图4-21和图4-22所示。

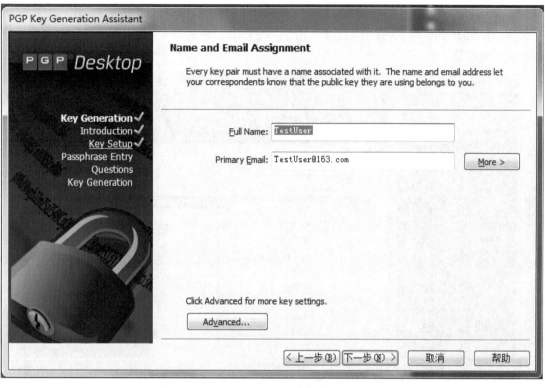

图4-21　创建用户

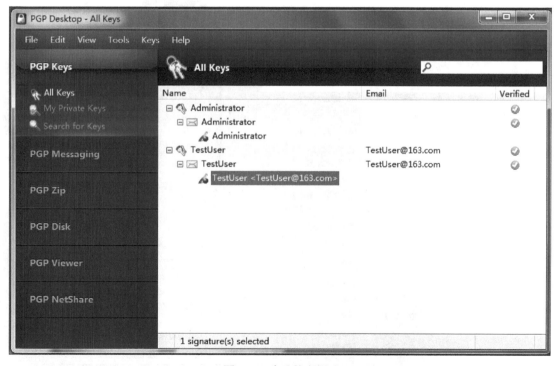

图4-22　生成的密钥对

上篇　网络安全技术基础

2）导出公钥：选中密钥，右击选择"Export"（导出）命令，如图4-23所示。导出时记得选择"Include Private Keys"（包含私钥）。导出之后新建两个.asc文件，把私钥和公钥分别复制出来存储。

图4-23　导出公钥

3）使用密钥对E-mail进行加密和数字签名。首先使用密钥保护需要传递的文件"加密文件.txt"，然后为收件人输入用户密钥并进行数字签名，如图4-24～图4-26所示。

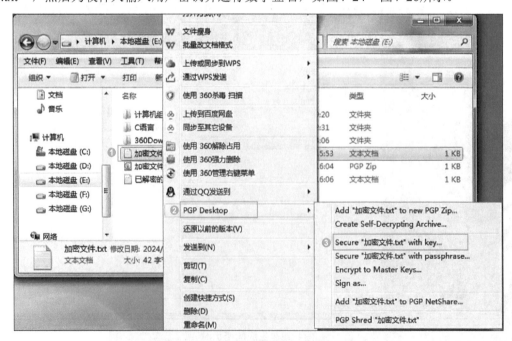

图4-24　使用密钥保护需要传递的文件

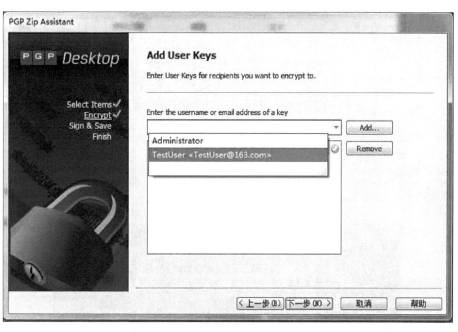

图4-25　为收件人输入用户密钥

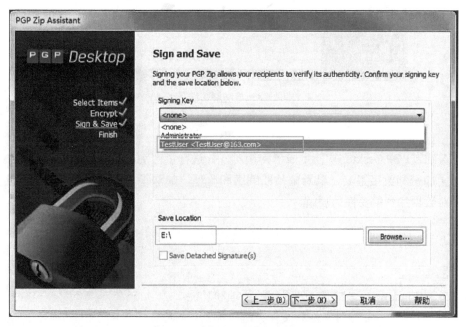

图4-26　为收件信息添加数字签名

4）对邮件进行验证和解密：接收到的文件扩展名为".pgp"，选中该文件，右击选择"解密&校验"该文件，如图4-27所示。返回解密结果，如图4-28所示，解密成功。

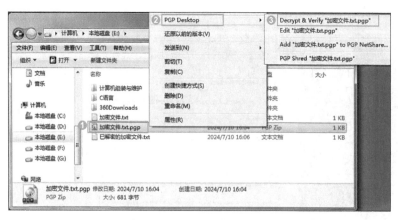

图4-27　解密并校验加密文件

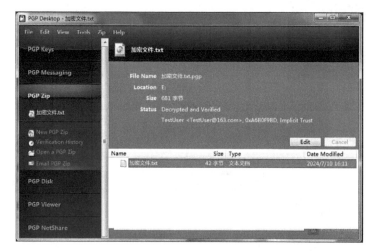

图4-28　成功解密结果

任务小结

本任务通过PGP Desktop软件生成了密钥对，并进行了密钥的导出和存储。过程中对电子邮件进行了加密和数字签名，以及邮件的解密和验证，加深了对PGP加密算法原理的认识，并强化了对数据加密重要性的理解。

任务2　使用Windows EFS加密文件系统

任务目标

- 　了解Windows EFS加密文件系统的原理和功能。
- 　学习如何使用EFS对文件和文件夹进行加密和解密。
- 　掌握如何备份和恢复EFS加密文件的密钥。

任务环境

- 　Windows操作系统（推荐使用Windows 10）。
- 　具有NTFS文件系统的磁盘分区。

❍　具有管理员权限的用户账户。

任务要求

❍　安装Windows EFS加密文件系统功能。

❍　使用EFS加密一个文件或文件夹。

❍　使用EFS解密一个已加密的文件或文件夹。

任务实施

1. 安装Windows EFS加密文件系统功能

1）打开"控制面板"并选择"程序和功能"。

2）单击左侧的"打开或关闭Windows功能"，打开一个名为"Windows功能"的窗口。

3）在列表中找到"加密文件系统"选项，确保其已选中。如果没有选中，请勾选它并单击"确定"按钮以安装EFS。

4）安装完成后，重新启动计算机。

2. 使用EFS加密一个文件或文件夹

1）创建一份txt文件，命名为"加密文件.txt"。

2）打开"文件资源管理器"窗口，找到并右击需要进行EFS加密的文件，在弹出的菜单中选择"属性"命令，如图4-29所示。

3）在弹出的"属性"窗口中，选择"常规"选项卡，在下面找到并单击"高级"按钮，如图4-30所示。

图4-29　弹出菜单

图4-30　文件属性窗口

4）在弹出的"高级属性"窗口中，找到并勾选"加密内容以便保护数据"，最后单击"确定"按钮退出即可，如图4-31所示。

图4-31　高级属性

5）完成上述步骤后，文件或文件夹将被加密。当尝试访问这些文件时，系统将要求提供正确的密钥才能解密它们。

3. 使用EFS解密一个已加密的文件或文件夹

1）打开Windows资源管理器，找到想要解密的文件或文件夹。

2）右击该文件或文件夹，然后选择"属性"命令。

3）在"属性"窗口中，转到"常规"选项卡，然后单击"高级"按钮。

4）在"高级属性"窗口中，取消选中"加密内容以便保护数据"。

5）单击"确定"按钮以保存更改。

○ 任务小结

本任务学习了Windows EFS加密文件系统的原理和功能，并实现了对文件和文件夹进行加密和解密。通过备份和恢复EFS加密文件的密钥，提高了对文件系统安全的认识。

↘ 任务3　体验密码破解技术

◎ 任务目标

❍　掌握用户账户及密码破解的操作过程。

❍　理解数据加密的重要性。

◎ 任务环境

❍　一台计算机。

❍　一个装有PE系统的U盘。

◎ 任务要求

❍　使用PE工具破解用户密码。

任务实施

1）更改启动方式。将U盘插入计算机，重启计算机，按<F12>键进入BIOS，选择从USB启动，进入PE系统，如图4-32所示。

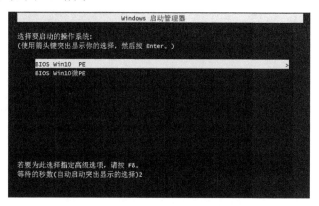

图4-32　进入PE系统

2）进行密码破解。进入系统后，单击"所有程序"→"密码修改"命令，如图4-33所示。

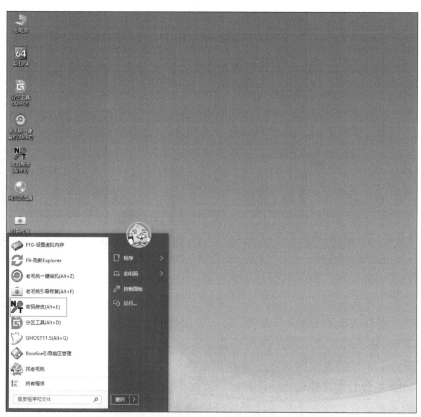

图4-33　依次选择，进入密码修改

3）选择需要修改的用户名，如图4-34所示，修改用户Administrator的密码，如图4-35所示。

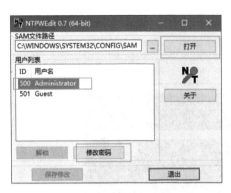

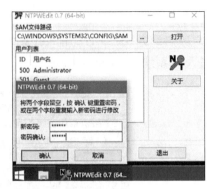

图4-34　选择需要修改的用户名　　　图4-35　修改用户Administrator的密码

4）关闭PE系统，拔出U盘，重启计算机，就可以使用修改后的密码登录计算机了。

任务小结

本任务掌握了使用PE系统工具进行用户密码破解的流程，不仅能意识到数据加密的重要性，也意识到在必要时应采取合法途径进行密码恢复。

拓展阅读

中国密码学第一人

王小云，1966年8月生于山东诸城，1993年获山东大学数学博士学位，现任山东大学网络空间安全学院院长、清华大学高等研究院"杨振宁讲座"教授，2017年当选中国科学院院士，2019年当选国际密码协会会士（IACR Fellow），兼任中国密码学会副理事长、中国数学会副理事长、中国科协女科技工作者专门委员会委员、中国女科技工作者协会常务理事、教育部高等学校网络空间安全专业教学指导委员会副主任委员。

王小云教授，一位在密码学领域取得卓越成就的中国女科学家，以其在破解国际两大密码算法MD5和SHA-1上的杰出贡献，震惊了全球密码学界。她的研究成果不仅展示了数学之美，也体现了中国科学家在国际科学舞台上的创新能力和影响力。

2004年8月，在美国加州圣巴巴拉举行的国际密码学会议上，王小云教授公布了她和团队对MD系列算法的破解成果，这一消息如同重磅炸弹，震惊了在场的每一位密码学家。她的报告引发了热烈的掌声，会议总结报告中写道："MD5被重创了，它即将从应用中淘汰。SHA-1仍然活着，但也见到了它的末日。现在就得开始更换SHA-1了。"这标志着MD5算法的终结，也预示着SHA-1算法的不安全性。

在2005年2月的国际信息安全RSA研讨会上，王小云教授再次震撼世界，她和团队证明了SHA-1在理论上也可以被破解。这一发现由国际著名密码学专家Adi Shamir宣布，引起了轩然大波。MD5的设计者R.Rivest对此表示："王小云教授成功地破解了MD5，这是一种令人印象极深的卓越成就，是高水平的世界级研究成果。"针对这种情况，美国后来又研发出更为先进的加密程序，但后来又被王小云仅用两个月的时间所破解，从此王小云教授受到了各国关注。2007年，美国技术研究员向全世界的密码学者征集新的密码算法做出学术邀请，王小云接到邀请后却果断放弃了这次机会。

后来，王小云选择与国内的精英一起设计国内的密码算法标准，她表示对自己的选择倍感自豪，称祖国的需要就是她前进路上的最大动力。SM3就是王小云与国内其他专家一起研制而成的算法标准，如今被多个行业所使用，并广受好评。王小云因其突出成绩和卓越贡献而被称为"中国密码学第一人"。

人物评价

王小云具有一种直觉，能从成千上万的可能性中挑出最好的路径。——姚期智评

王小云在密码学中做了开创性贡献，她的创新性密码分析方法揭示了被广泛使用的密码哈希函数的弱点，促进了新一代密码哈希函数标准。——第四届未来科学大奖数学与计算机科学奖评

课后思考与练习

一、单项选择题

1. 数据加密的主要目的是（　　　）。

　A．提高数据传输速度

　B．保护数据在存储和传输过程中不被窃取、解读和利用

　C．增加数据的存储容量

　D．优化数据结构

2. 以下（　　　）不是数据加密的实现途径。

　A．链路加密　　　　B．节点加密　　　　C．端到端加密　　　　D．云计算加密

3. 传统加密方式中的隐写术主要用于（　　　）。

　A．隐藏文本信息　　　　　　　　　B．隐藏图片信息

　C．隐藏任何类型的数字内容　　　　D．仅隐藏音频内容

4. 数字签名的主要作用是（　　　）。

　A．加密消息内容　　　　　　　　　B．验证消息发送者的身份

　C．确保消息的完整性　　　　　　　D．以上都是

二、简答题

1. 对称加密和非对称加密在安全性和效率上有何不同？

2. 数字签名是如何确保消息的真实性和完整性的？

模块5　网络安全防御技术

学习目标

- ○ 培养保护信息系统安全的能力。
- ○ 提升识别和防范网络威胁的能力。
- ○ 理解防火墙的概念、分类、工作原理及关键技术。
- ○ 了解常见的网络攻击手段和防护策略。
- ○ 掌握防火墙的配置方法和策略，能正确配置和使用防火墙。
- ○ 掌握漏洞扫描的基本原理和流程。
- ○ 学会使用漏洞扫描工具对网络进行安全检测和评估。

网络安全防御技术是一系列措施，旨在保护计算机网络免受未经授权的访问、攻击和破坏。常见的网络安全防御技术包括防火墙技术、隔离网闸技术、入侵检测系统、漏洞扫描技术和虚拟专用网。

防火墙是一种用于监控和控制网络流量的设备或软件，可阻止未经授权的访问并保护内部网络免受外部威胁。入侵检测系统则能够实时监测网络流量并识别潜在入侵行为。同时，漏洞扫描技术可用于发现网络系统中的安全漏洞，而虚拟专用网则通过加密和隧道技术创建安全的远程访问连接。这些技术在实际应用中通常相互结合，构成多层次的网络安全防护体系，为组织的信息安全提供坚实的保障。例如，防火墙和入侵检测系统通常分别部署在信任网络的边界和内部。

本模块从理论和实验两方面重点分析了网络安全防御技术，包括防火墙技术、隔离网闸技术、入侵检测系统、漏洞扫描技术和虚拟专用网等常见的网络安全防御技术，旨在帮助读者更好地保护计算机网络免受恶意攻击和非法访问的威胁，确保网络的安全性和可靠性。

本模块知识思维导图如图5-1所示。

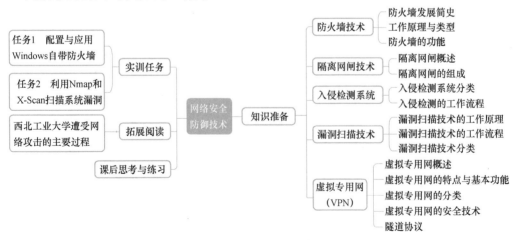

图5-1　模块知识思维导图

5.1　防火墙技术

防火墙是在两个信任程度不同的网络之间设置的、用于加强访问控制的软硬件保护措施。防火墙的基本功能就是筛选网络间的通信，防止未授权的访问进出网络，从而实现对网络进行访问控制。可以看成是安置在可信任网络和不可信任网络之间的一个缓冲，如图5-2所示。

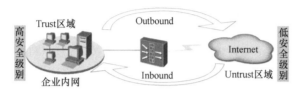

图5-2　防火墙示意图

5.1.1　防火墙发展简史

防火墙技术自20世纪80年代末期开始发展，其发展历程如下：

● 第一代防火墙（1989—1994）：包过滤防火墙

1989年，第一款基于访问控制列表（包过滤）的防火墙被开发出来，即第一代防火墙技术。包过滤防火墙的工作原理主要是通过查看流经的数据包的包头（header）信息，并根据预设的规则进行匹配，决定对该数据包的处理方式，包括丢弃、接受或执行其他更复杂的动作。

包过滤防火墙一般部署在互联网路由器上，作为一个网络安全设备，可以根据数据包的IP层信息和上层协议的协议号、源/目的IP地址、端口号等信息来决定转发或丢弃的数据包，能够丢弃符合或者不符合特定条件的数据包。

● 第二代防火墙（1995—2000）：代理防火墙

它工作在OSI模型的第七层，可以对应用层协议进行解析和控制。代理防火墙是充当内部和外部系统通过网络进行通信的中间设备，通过转发来自原始客户端的请求并将其掩盖为自己的网络来保护网络。在代理防火墙中，两种最常见的结构模型是屏蔽主机防火墙和屏蔽子网防火墙。

● 第三代防火墙（2001—2006）：状态检测防火墙

状态检测防火墙是一种基于流量的单位来对报文进行检测和转发的防火墙，其核心在于识别连接的属性和状态，不仅可以检测数据包的来源和目标地址，还可以根据数据包的状态信息进行过滤，从而提供了更全面的安全保护。状态检测防火墙工作在网络层，能够检测数据包的状态信息，并根据这些信息进行过滤。

状态检测防火墙还具有记录和存储网络连接的能力，可以检测出被用于入侵网络的非法数据，同时也可以记录攻击行为，然后利用这些信息更好地防御未来攻击。然而，尽管状态检测防火墙在安全性上有所提升，但只能检测数据包的第三层信息，对于数据包中的垃圾邮件、广告以及木马程序等内容无法彻底识别。

● 第四代防火墙（2007—2012）：统一威胁管理（UTM）防火墙

统一威胁管理防火墙是一种全面并具有集成安全功能的产品，能提供包括反病毒、反恶意软件、防火墙、入侵防御和URL过滤等多种安全功能。统一威胁管理防火墙将多种安全功能和服务整合到网络上的单一设备中，使网络用户得到各种不同功能的保护，如内容过滤、电子邮件过滤、网页过滤和反垃圾邮件等。

● 第五代防火墙（2013年至今）：下一代防火墙

下一代防火墙（Next Generation Firewall，NGFW）是在传统防火墙基础上发展而来的一种新型网络安全设备。它不仅包含了传统防火墙的全部功能，如基础包过滤、状态检测、NAT以及VPN等，还集成了更高级的安全能力，如应用和用户的识别和控制、入侵防御（IPS）等。新一代防火墙（NGFW）旨在简化网络保护，通过集成多种安全功能，提高安全防护效率，减少网络安全风险，以适应不断演化的复杂威胁环境。

5.1.2 工作原理与类型

1. 防火墙技术的工作原理

防火墙是一种由软硬件组合而成的网络访问控制器，其主要任务是根据一定的安全规则来控制流过防火墙的网络包。防火墙的工作原理可以简单概括为：基于一定的安全规则来控制流过防火墙的网络包，如禁止或转发。判定允许哪些网络流量通过以及哪些流量存在危险，其主要是过滤掉异常或不受信任的流量，仅允许正常或受信任的流量通过。

在技术实现上，防火墙的检测与过滤工作可以在不同层级进行：

1）包过滤：工作在网络层，主要根据IP地址、端口号等信息进行过滤，依据预设的过滤规则对数据包进行检查，符合规则的数据包被允许通过，不符合的则被阻止。

2）应用代理：工作在应用层，通过代理服务器建立连接，对数据包进行深度检查和控制。安全性较高，但效率相对较低。

3）状态检测：对整个连接进行处理，判断是否允许数据包通过，主要发生在OSI参考模型的传输层、网络层和数据链路层，可以识别并控制网络层的会话状态。

4）完全内容检测：综合检测各个层级的信息，包括应用层、传输层、网络层、数据链路层和物理层。

2. 防火墙的类型

根据实现方式来看，防火墙可以分为硬件防火墙和软件防火墙。硬件防火墙是通过硬件与软件的结合来达到隔离内外部网络的目的，而软件防火墙则是通过纯软件的方式来实现。

根据防火墙的操作方法来划分，最基本的类型是数据包筛选防火墙，它用作连接到路由器或交换机的内联安全检查点。此外，防火墙还可以根据工作层面分为包过滤防火墙和应用代理防火墙。其中，包过滤防火墙又可以分为静态包过滤防火墙和动态包过滤防火墙，动态包过滤防火墙也被称为状态检测防火墙。

根据防火墙的安全域，包括安全区域和安全域间。在防火墙中，安全区域（Security Zone），简称为区域，是一个或多个接口的组合。

防火墙常见技术主要有包过滤技术、状态检测技术和代理服务技术。

（1）包过滤技术

包过滤防火墙工作在网络层和传输层，根据通过防火墙的每个数据包的源IP地址、目的IP地址、端口号、协议类型等信息来决定是让该数据包通过还是丢弃，从而达到对进出防火墙的数据进行检测和限制的目的。主要检查数据包的首部，并根据数据包首部的各个字段的信息进行操作，以安全过滤规则为评判标准，来决定是否允许数据包通过。

包过滤技术不需要内部网络用户做任何配置，对用户来说是完全透明的，过滤速度快，效率高，如图5-3所示。但不能进行数据内容级别的访问控制，一些应用协议也并不适合用数据包过滤，并且过滤规则的配置比较复杂，容易产生冲突和漏洞。

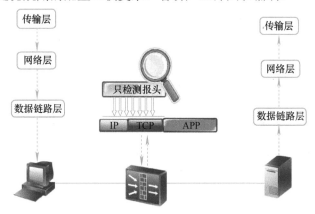

图5-3　包过滤技术

包过滤技术一般分为静态包过滤和动态包过滤两种。

1）静态包过滤技术：静态包过滤技术防火墙几乎是与路由器同时产生的，根据定义好的过滤规则审查每个数据包，以便确定其是否与某一条包过滤规则匹配。过滤规则基于数据包的包头信息来制订，这些规则常称为数据包过滤访问控制列表（Access Control Lists，ACL）。

静态包过滤技术是网络设备（如路由器或防火墙）中的一种安全机制，它根据预设定的过滤规则检查所接收的每个数据包，并根据这些规则决定是转发还是丢弃数据包。其工作原理是基于数据包中IP头和协议头等特定域的检查和判定来决定是否接收或拒绝一个数据包，过滤内容主要包括TCP/UDP的源或目的端口号、协议类型（例如TCP、UDP、ICMP等）、源或目的IP地址以及数据包的入接口和出接口。

2）动态包过滤技术：动态包过滤技术工作在传输层并具有动态性和状态性。动态包过滤技术防火墙能够根据网络当前的状态检查数据包，并根据当前所交换的信息动态调整过滤规则表。例如，它可以检查应用程序信息以及连接信息，从而判断某个端口是否需要临时打开。

动态包过滤防火墙对已建立的连接和规则进行动态维护。动态包过滤防火墙不仅能感知新建连接与已建连接之间的区别，也能根据需要支持一些静态包过滤技术无法支持的应用，如基于无连接的协议（UDP）的应用（DNS、WAIS等）、基于端口动态分配的协议（RPC）的应用（NFS、NIS等）。同时，动态包过滤技术还能减少端口的开放时间，提高安全性。

（2）状态检测技术

状态检测技术主要在数据链路层、网络层、传输层和应用层之间对数据包进行检测，如图5-4所示。状态检测防火墙在网络层截获数据包，从各应用层提取出安全策略所需要的状态信息，并保存到会话表中，从收到的数据包中提取状态信息，并根据状态表进行判断，如果该包属于已建立的连接状态，则跳过包过滤的规则检测直接交由内网主机，如果不是已建立的连接状态则对其进行包过滤，依照规则进行操作。

在状态检测技术中，状态表是动态建立的，可以实现对一些复杂协议建立的临时端口进行有效的管理，状态检测技术为每一个会话连接建立状态信息，并对其维护，利用这些状态信息对数据包进行过滤。动态状态表是状态检测防火墙的核心，利用其可以实现比包过滤防火墙更强的控制访问能力。

状态检测技术的缺点是没有对数据包内容进行检测，不能进行数据内容级别的控制。由于允许外网主机与内网主机直接连接，增加了内网主机被外部攻击者直接攻击的风险。

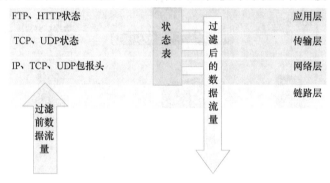

图5-4　状态检测技术

（3）代理服务技术

状态检查技术无法保护系统免受基于HTTP的攻击，因此代理防火墙被引入市场。它包括状态检测的特性，以及对应用层协议进行严密分析的能力。代理服务技术用代理服务器的方式运行于内联网络和外联网络之间，在应用层实现安全控制功能，起到内联网络和外联网络之间应用服务的转接作用，如图5-5所示。

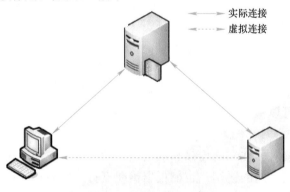

图5-5　代理服务技术

当接收到客户端发出的连接请求后，代理服务检查客户的源和目的IP地址，并依据事先设定的过滤规则决定是否允许该连接请求。如果允许该连接请求，则进行客户身份识别；否则，阻断该连接请求。通过身份识别后，应用代理建立该连接请求的连接，并根据过滤规则传递和过滤该连接之间的通信数据。当关闭连接后，应用代理关闭对应的另一方连接，并将这次的连接记录在日志内。

代理服务的优点是内部网络的拓扑、IP地址等被代理防火墙屏蔽，能有效实现内外网络的隔离。具有强鉴别和细粒度日志能力，支持用户身份识别，实现用户级的安全。能进行数据内容的检查，实现基于内容的过滤，对通信进行严密的监控。

代理服务的额外处理请求降低了过滤性能，导致其过滤速度比包过滤处理速度慢，并且需要为每一种应用服务编写代理软件模块，提供的服务数目有限。它对操作系统的依赖程度高，容易因操作系统和应用软件的缺陷而受到攻击。

5.1.3　防火墙的功能

防火墙可以检查通过的数据包并根据预设的安全策略决定数据包的流向，从而提供对内部网络的保护。防火墙包括以下主要功能：

1）访问控制：防火墙可以根据预定的规则和策略对网络流量进行控制和管理，实现对内外部网络的访问控制和限制。

2）强化网络安全策略：防火墙可以帮助企业强化网络安全策略，如限制某些IP地址段、限制某些服务等。

3）监控审计：防火墙可以记录网络中发生的各种操作，以便管理员进行检查和审计。

4）防止内部信息的外泄：防火墙可以防止内部网络的信息被外部网络窃取或篡改，保护企业内部信息的安全性。

5）日志记录与事件通知：当防火墙检测到异常流量或者攻击行为时，可以及时发出警报，并将相关日志记录下来以供后续分析。

6）入侵检测：防火墙可以对网络流量进行检测和分析，识别并阻止恶意攻击，如病毒、木马、蠕虫等。

7）网络地址转换（NAT）：防火墙可以实现内部网络地址和公共网络地址之间的转换，隐藏并保护内部网络的结构。

5.2　隔离网闸技术

5.2.1　隔离网闸概述

隔离网闸也被称为"网闸"或"物理隔离网闸"，是一种软硬件系统，主要用于实现不同安全级别的网络之间的安全隔离，同时提供可控的数据交换。隔离网闸将网络划分为多个安全区域，并通过严格的访问控制策略限制不同区域之间的通信，可以有效地防止网络内部的攻击者利用网络连接进行横向渗透，如图5-6所示。

物理隔离是网闸的一项基础功能，通过确保网闸的外部主机和内部主机能在任何时候完全断开，从而实现内外网的逻辑隔离。此外，根据网络的安全性要求，可以选择不同的隔离技术，如文件级交换的物理隔离、网络隔离与协议隔离等。

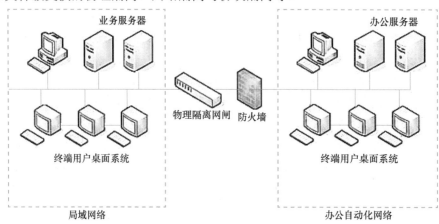

图5-6　隔离网闸技术

5.2.2　隔离网闸的组成

安全隔离网闸是实现两个相互业务隔离的网络之间的数据交换的关键设备，通用的网闸一般分三个基本部分：内网处理单元、外网处理单元、隔离与交换控制单元（隔离硬件）。

内网处理单元：包括内网接口单元与内网数据缓冲区。接口部分负责与内网的连接，并终止内网用户的网络连接，对数据进行病毒检测、防火墙、入侵防护等安全检测后剥离出"纯数据"，做好交换的准备，也完成来自内网对用户身份的确认，确保数据的安全通道；数据缓冲区是存放并调度剥离后的数据，负责与隔离交换单元的数据交换。

外网处理单元：与内网处理单元功能相同，但处理的是外网连接。

隔离与交换控制单元（隔离硬件）：是网闸隔离控制的摆渡控制，控制交换通道的开启与关闭。控制单元中包含一个数据交换区，就是数据交换中的摆渡船。对交换通道的控制的方式目前有两种技术，摆渡开关与通道控制。摆渡开关是电子倒换开关，让数据交换区与内外网在任意时刻的不同时连接，形成空间间隔（GAP），实现物理隔离。通道方式是在内外网之间改变通信模式，中断内外网的直接连接，采用私密的通信手段形成内外网的物理隔离。该单元中有一个数据交换区，作为交换数据的中转。

5.3　入侵检测系统

入侵检测系统（Intrusion Detection System，IDS）是一种设备或软件应用程序，用于监测网络或系统是否存在恶意活动或策略违规行为。IDS通过实时监视网络传输、分析系统日志、文件及配置更改等信息判断其风险水平，以发现并响应潜在的威胁。IDS是一种积极主动的安全防护技术，弥补了防火墙等传统安全措施的不足，提供对内部攻击、外部攻击和误操作的实时检测，并能采取相应的防护手段，如记录证据用于跟踪和恢复，断开网络连接等。

入侵检测系统是监控和识别攻击的一种有效方案，无法自行主动地阻止安全威胁，通常结合其他安全措施，如防火墙、访问控制系统、入侵防御系统（IPS）等，以提高系统的安全性。与防火墙不同，IDS不会阻止网络之间的访问，而是实时、动态地检测来自内部和外部的各种攻击，及时发现并响应入侵。IDS通过分析网络行为、安全日志、审计数据和其他信息对应执行监视系统活动、审计系统漏洞、识别攻击行为和报警攻击。

1. 入侵检测系统的主要功能

入侵检测系统的主要功能是实时监测网络流量和系统事件，识别和报告可能的入侵行为。具体来说，它可以通过以下方式实现：

- 监视、分析用户及系统的活动；
- 系统构造和弱点的审计；
- 识别反映已知攻击模式并报警；
- 对异常行为模式进行统计分析；
- 对重要系统和数据文件的完整性进行评估；
- 对操作系统进行审计跟踪管理；
- 识别用户违反安全策略的行为。

2. 入侵检测系统的处理过程

IDS处理过程分为四个主要阶段：数据采集阶段、数据处理及过滤阶段、入侵分析及检测阶段、报告及响应阶段。

1）数据采集阶段：入侵检测系统会收集目标系统中引擎提供的主机通信数据包和系统使用等信息。这些数据可能来自计算机系统或计算机网络的关键部位。

2）数据处理及过滤阶段：对收集到的数据进行初步的处理和过滤，以便后续精准和高效分析。

3）入侵分析及检测阶段：对处理过的数据进行深入分析，以发现网络或系统中是否有违反安全策略的行为。例如，试图闯入、成功闯入、冒充其他用户、违反安全策略、合法用户的泄露、独占资源以及恶意使用等行为。

4）报告及响应阶段：当检测到潜在的威胁或攻击时，该阶段将生成相应的报告，并采取必要的响应措施以阻止或减轻潜在的损害。

5.3.1 入侵检测系统分类

1. 根据目标系统的类型和数据来源分类

根据目标系统的类型分类，入侵检测系统分为基于主机、基于网络和基于混合数据源的入侵检测系统。

（1）基于主机的入侵检测系统

基于主机的入侵检测系统（Host-based Intrusion Detection System，HIDS）是一种网络安全设备，旨在检测单个计算机或服务器上的恶意活动和安全漏洞。基于主机的入侵检测系统检测的是系统日志、应用程序日志等数据源，对所在的主机收集信息进行分析，以判断是否有入侵行为。主机型入侵检测系统通常是用于保护关键应用的服务器。

基于主机的入侵检测系统通常部署在DMZ的所有关键主机设备上，并且其他主要的主机设备也应该部署，以确保这些系统受到保护，如图5-7所示。

基于主机的入侵检测系统通常有几种不同的结构：集中式结构和分布式结构。集中式结构指的是主机入侵检测系统将收集到的所有数据发送到一个中心位置（如控制台），然后进行集中分析。此外，根据工作方式，入侵检测系统还可以分为离线检测和在线检测。

（2）基于网络的入侵检测系统

基于网络的入侵检测系统（Network-Based Intrusion Detection System，NIDS）是一种用于检测对计算机系统非授权访问的网络安全系统，如图5-8所示。使用原始网络数据包作为数据源，通过收集和分析网络中的数据包来检测攻击企图、攻击行为或攻击结果，以确保系统资源的保密性、完整性和可用性。NIDS可以收集漏洞信息，造成拒绝访问，获取超出合法范围的系统控制权等危害计算机系统安全的行为，进而进行检测。此外，NIDS的核心功能是建立一个分类器模型，将输入的数据识别为不同的分类结果输出，这个处理过程可以通过基于特征的检测和基于异常的检测两种方法来实现。基于网络的入侵监测系统是部署在一些核心路径、核心节点上进行独立的入侵检测的系统。

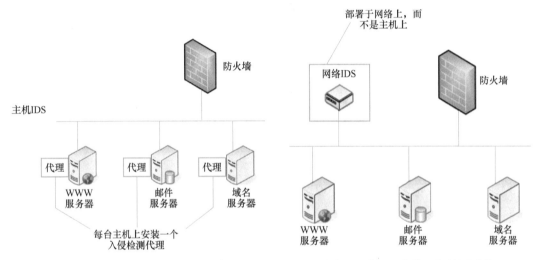

图5-7 基于主机的入侵检测系统　　　　图5-8 基于网络的入侵检测系统

NIDS可以监控网站上或者是节点上的一些访问行为，发现问题并且及时报警或者更改策略，来提升安全级别。这类系统不需要主机提供严格的审计，对主机资源消耗少，并可以提供对网络通用的保护而无需顾及异构主机的不同架构。

（3）基于混合数据源的入侵检测系统

基于混合数据源的入侵检测系统以多种数据源为检测目标来提高IDS的性能。入侵检测系统分析的数据可以是主机系统日志、原始的网络数据包、应用程序日志、防火墙报警日志及其他入侵检测系统的报警信息等。混合数据源的入侵检测系统可配置成分布式模式，通常在需要监视的服务器和网络路径上安装监视模块，分别向管理服务器报告及上传证据，提供跨平台的入侵监视解决方案。

2. 根据入侵检测分析方法分类

（1）异常入侵检测系统

异常入侵检测系统利用被监控系统正常行为的信息作为检测系统中入侵行为和异常

活动的依据。

（2）误用入侵检测系统

误用入侵检测系统根据已知入侵攻击的信息（知识、模式等）来检测系统中的入侵和攻击。

3. 根据检测系统对入侵攻击的响应方式分类

（1）主动的入侵检测系统

主动的入侵检测系统在检测出入侵后，可自动地对目标系统中的漏洞采取修补、强制可疑用户（可能的入侵者）退出系统以及关闭相关服务等对策和响应措施。

（2）被动的入侵检测系统

被动的入侵检测系统在检测出对系统的入侵攻击后只是产生报警信息通知系统安全管理员，至于之后的处理工作则由系统管理员来完成。

4. 根据系统各个模块运行的分布方式分类

分布式入侵检测系统检测的数据包也是来源于网络，不同的是，它采用分布式检测、集中管理的方法。即在每个网段安装一个监听设备，相当于在每个网段安装了基于网络的入侵检测系统，用来检测其所在网段上的数据流，然后根据集中安全管理中心制定的安全策略、响应规则等来分析检测网络数据，同时向集中安全管理中心发回安全事件信息。

（1）集中式入侵检测系统

系统的各个模块包括数据的收集与分析以及响应都集中在一台主机上运行，这种方式适用于网络环境比较简单的情况。

（2）分布式入侵检测系统

系统的各个模块分布在网络中不同的计算机、设备上，一般来说分布性主要体现在数据收集模块上，如果网络环境比较复杂、数据量比较大，那么数据分析模块也会分布，一般是按照层次性的原则进行组织的。

5. 根据检测方式分类

（1）实时检测系统

也称为在线检测系统，它通过实时监测并分析网络流量、主机审计记录及各种日志信息来发现攻击。在高速网络中，检测率难以令人满意，但随着计算机硬件速度的提高，对入侵攻击进行实时检测和响应成为可能。

（2）非实时检测系统

也称为离线检测系统，它通常是对一段时间内的被检测数据进行分析来发现入侵攻击，并做出相应的处理。非实时的离线批处理方式虽然不能及时发现入侵攻击，但它可以运用复杂的分析方法发现某些实时方式不能发现的入侵攻击，可以一次分析大量事件，系统的成本更低。

5.3.2　入侵检测的工作流程

入侵检测（IDS）的过程一般分为以下4个阶段：信息收集、入侵分析、信息存储、告警响应等，如图5-9所示。

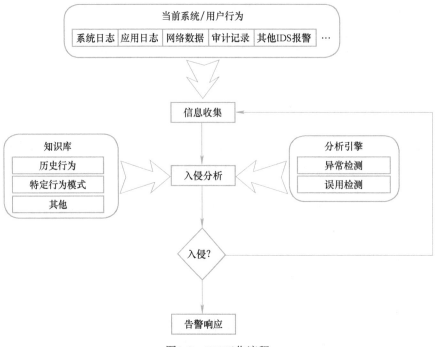

图5-9　IDS工作流程

1）信息收集：收集对象包括系统日志、应用日志、网络数据、审计记录以及其他IDS报警。这一步很重要，IDS很大程度上依赖于收集信息的正确性和可靠性。

2）入侵分析：它指对收集的信息进行分析，一般通过协议和规则分析模式匹配、逻辑分析和完整性分析几种手段。

3）信息存储：当IDS捕获到攻击行为时，为便于管理员对攻击信息进行查看和对攻击行为进行分析，会将信息存储在指定的安全日志或特定的数据库内。

4）告警响应：对攻击进行分析并确定其类型后，IDS会根据用户的设置对攻击行为进行相应处理，或者利用自动装置直接进行处理，如切断连接、过滤攻击者IP地址等。

5.4　漏洞扫描技术

漏洞扫描是基于网络远程发现、检测目标网络或主机安全性脆弱点的一种主动检测网络系统中潜在安全漏洞的技术。它是通过模拟黑客的攻击方式，对网络系统进行深入的扫描和分析，以发现系统中存在的安全漏洞，客观评估网络风险等级，修复潜在的安全隐患，从而降低网络攻击的风险。

5.4.1　漏洞扫描技术的工作原理

漏洞扫描技术的工作原理是采用主动的、非破坏性的办法检查系统或应用软件包，发现安全漏洞。利用已知的漏洞信息库对系统进行扫描，通过比对系统中的应用程序、操作系统等版本信息，对漏洞进行匹配，并给出相应的修复建议。

漏洞扫描过程通常包括以下步骤：收集系统信息、搜集漏洞信息、漏洞匹配和给出修复建议等。

1）收集系统信息：获取系统的IP地址、端口号、操作系统等信息。

2）搜集漏洞信息：从漏洞信息库中获取漏洞的特征，例如，漏洞名称、危害程度、修复方式等信息。

3）漏洞匹配：通过比对系统中的应用程序、操作系统等版本信息，对漏洞进行匹配。

4）给出修复建议：根据漏洞的危害程度，给出相应的修复建议。

5.4.2 漏洞扫描技术的工作流程

第一阶段：发现目标主机或网络。这个阶段主要是确定扫描的目标，可能包括单个主机，也可能是一个网络。

第二阶段：进一步搜集目标信息。在确定了目标后，漏洞扫描器会对存活的主机进行端口扫描，确定系统开放的端口，同时根据协议、指纹识别技术等识别出主机的操作系统类型。如果目标是一个网络，还可以进一步发现该网络的拓扑结构、路由设备以及各主机的信息。

第三阶段：匹配和识别漏洞。获得了目标主机TCP/IP端口和其对应的网络访问服务的相关信息后，会与网络漏洞扫描系统提供的漏洞库进行匹配，如果满足匹配条件，则视为漏洞存在。此外，通过模拟黑客的进攻手法，如测试弱势密码等，对目标主机系统进行攻击性的安全漏洞扫描，如果模拟攻击成功，也视为漏洞存在。

另外，主动扫描也是漏洞扫描的一种方式，它通过对系统进行主动测试、探测，发现其中存在的漏洞。主动扫描通常包括以下步骤：

1）端口扫描：通过扫描系统中的端口，发现其中开放的服务。

2）服务识别：对已开放的服务进行识别，发现其中存在的漏洞。

3）漏洞利用：通过对识别到的漏洞进行利用，验证漏洞是否真实存在。

4）修复建议：根据漏洞的危害程度，给出相应的修复建议。

5.4.3 漏洞扫描技术分类

1. 基于应用的漏洞检测技术

基于应用的漏洞检测技术是一种被动的、非破坏性的检查方法，主要通过对应用程序的代码进行静态分析，针对应用软件包进行检测，以发现其中存在的安全漏洞，寻找可能存在的漏洞或错误。优点是可以对应用程序的安全性进行全面评估，帮助开发人员及时发现并修复安全漏洞。

基于应用的漏洞检测技术可以针对不同的应用类型进行检测，如Web应用程序、数据库管理系统、操作系统等。通过对应用程序的源代码或二进制代码进行分析，查找可能存在的安全漏洞，如SQL注入、跨站脚本攻击、文件上传漏洞等。

基于应用的漏洞检测技术通常需要专业的漏洞检测工具或扫描器来实现，还可以结合其他技术，如模糊测试、代码审计等，以提高漏洞检测的准确性和可靠性。常用的工具有Nessus、Retina等。Nessus是系统漏洞扫描与分析软件，提供完整的计算机漏洞扫描服务，并随时更新其漏洞数据库。Retina是一个基于Web的开源软件，从中心位置负责漏洞管理，功能包括修补、合规性、配置和报告等。

2. 基于主机的检测技术

采用被动和非破坏性的手段对主机系统进行设置检查，以便发现潜在的安全漏洞。这种扫描技术的优点在于它可以深入地对主机的操作系统、内核、文件的属性、操作系统的补丁等进行分析，从而识别出所有的安全漏洞。此外，该技术还包括密码解密、把一些简单的密码剔除等操作。

基于主机的检测技术通常有2种结构：集中式结构和分布式结构。集中式结构是指主机入侵检测系统将收集到的所有数据发送到一个中心位置（如控制台），再进行集中分析。基于主机的入侵检测方法可以监测系统或用户的行为，但无法检测针对网络协议及实现软件的攻击，只能监视针对本机的入侵行为，必须在每台主机上运行，日志信息需要占用大量的存储空间，需要和操作系统紧密集成。常用的工具有OpenVAS、Nessus等。OpenVAS是一个开源的漏洞扫描工具，可以帮助网络管理员发现主机操作系统、应用程序等存在的漏洞。

3. 基于目标的漏洞检测技术

基于目标的漏洞检测技术是一种被动的、非破坏性的检查方法，以目标系统为起点，通过深入分析系统硬件、软件、协议的具体实现、系统安全策略和数据库、注册号等，对目标系统的属性、文件属性等进行检查分析，查找可能存在的安全漏洞，如权限提升、访问控制漏洞等。

基于目标的漏洞检测技术通常需要专业的漏洞检测工具、扫描器和数据加密等技术来实现，如消息文摘算法、加密算法等，以提高漏洞检测的准确性和可靠性。常用工具包括Nessus、Retina和OpenVAS等。

4. 基于网络的检测技术

基于网络的检测技术主要采用积极的、非破坏性的手段来检验系统是否有可能被攻击崩溃。充分利用一系列脚本模拟对系统进行攻击的行为，并通过观察系统的反应来判断是否存在安全漏洞。例如，可通过网络流量分析、协议分析、日志分析等方法，发现网络中的异常流量和异常行为。

基于网络的检测技术通常包括以下几个步骤：首先对整个网络进行扫描，获取网络中所有主机的IP地址和端口信息；然后对目标主机进行详细的检测，包括操作系统类型、开放的端口、运行的服务以及服务软件的版本等信息；接着根据检测结果与网络漏洞库进行匹配，如果满足匹配条件，则视为漏洞存在；最后生成详细的报告，以便管理员了解网络安全状况并采取相应的安全措施。

基于网络的检测技术常用的工具有Nmap、Wireshark等。Nmap是一个网络连接端扫描软件，可以扫描网上计算机开放的网络连接端。Wireshark则被认为是市场上功能强大的网络协议分析器之一，可以识别并捕获网络数据包，进行分析，帮助发现网络中的漏洞。

5.5　虚拟专用网（VPN）

5.5.1　虚拟专用网概述

虚拟专用网络（Virtual Private Network，VPN）是利用Internet等公共网络的基础设施，在互联网上开辟一条安全的隧道，以保证两个端点（或两个局域网）之间的安全通信。VPN构建于廉价的互联网之上，可以实现远程主机与局域网（内网）之间的安全通信，也可以实现任何两个局域网之间的安全连接。

"虚拟"是指用户不需要建立各自专用的物理线路，而是利用Internet等公共网络资源和设备建立一条逻辑上的专用数据通道，并实现与专用数据通道相同的通信功能。

"专用网络"是指虚拟出来的网络并非任何连接在公共网络上的用户都能使用，只有经过授权的用户才可以使用。该通道内传输的数据经过加密和认证，可保证传输内容的完整性和机密性。如图5-10所示，VPN将互联网虚拟成一个路由器，将物理位置分散的局域网和主机虚拟成一个统一的安全网络，相互进行安全通信。

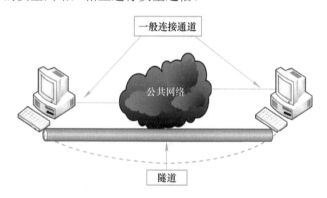

图5-10　VPN将互联网虚拟成一个路由器

5.5.2　虚拟专用网的特点与基本功能

1. 虚拟专用网的特点

1）成本低：VPN可以在Internet上安全地建立专用网络，无需额外租用线路，因此成本相对较低。

2）安全性：VPN采用了加密技术，保障了数据传输的安全性。

3）服务质量保证（QoS）。

4）可扩充性和灵活性：VPN能传输任何类型的数据流，具有很高的灵活性。

5）可管理性：VPN可以进行远程访问，方便用户管理。

2. 虚拟专用网的基本功能

1）加密数据：以保证通过公用网传输的信息即使被他人截获也不会泄露。

2）信息验证和身份识别：保证信息的完整性、合理性，并能鉴别用户的身份。

3）提供访问控制：不同的用户有不同的访问权限。

5.5.3 虚拟专用网的分类

根据应用场合，VPN可以大致分为：远程访问VPN、点对点VPN和中心型VPN。

（1）远程访问VPN（见图5-11）

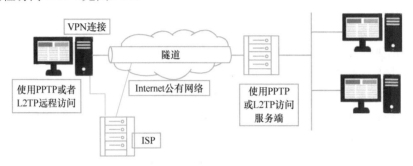

图5-11 远程访问VPN

远程访问VPN是为企业员工从外地访问企业内网而提供的VPN解决方案。当公司的员工出差到外地需要访问企业内网的机密信息时，为了避免信息传输过程中的泄密，他们的主机首先以VPN客户端的方式连接到企业的远程访问VPN服务器，此后远程主机到内网主机的通信将加密，从而保证了通信的安全性。

（2）点对点VPN（见图5-12）

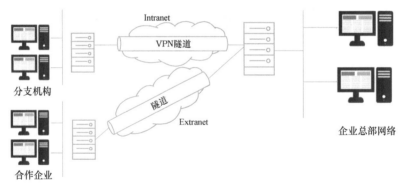

图5-12 点对点VPN

点对点VPN（site-to-site VPN）也称为"网关—网关VPN"和"网络—网络VPN"。点对点VPN是通过IPsec隧道连接两个网络的拓扑结构。网络的网关通常是路由器或防火墙等网络设备，在每个局域网的出口处设置VPN服务器，当局域网之间需要交换信息时，两个VPN服务器之间建立一条安全的隧道，保证其中的通信安全。这种方式适合企业各分支机构、商业合作伙伴之间的网络互联。

（3）中心型VPN

中心型VPN（hub and spoke VPN）是星形拓扑结构，也就是一个中心站点的设备，连接多个远程站点的设备，形成的网络结构。中心站点（center site）位于总部的网络，也就是数据中心，成为整个结构的核心站点。一般是电信供应商提供的VPN业务，以电信供应商的基础设施为中心站点，通过VPN连接其他站点。

5.5.4 虚拟专用网的安全技术

虚拟专用网是在互联网上建立的一种加密通信隧道，主要采用隧道技术、加解密技术、密钥管理技术和使用者与设备身份认证技术来保证安全。

1. 隧道技术

隧道是在公共通信网络上构建的一条数据路径，可以提供与专用通信线路等同的连接特性。隧道是由隧道协议构建形成的。

隧道技术是VPN的核心技术，指在隧道的两端通过封装以及解封装技术在公网上建立一条数据通道，使用这条通道对数据报文（加密后）进行传输。隧道技术是VPN技术中最关键的技术。

2. 加解密技术

通过使用加解密算法对数据进行加密和解密，可以确保数据在传输过程中不会被窃取或篡改，即保证数据的安全性和完整性。例如，IPSec在数据传输之前就通过ISAKMP/IKE/Oakley协商确定几种可选的数据加密算法，如DES、3DES和AES等。

3. 密钥管理技术

负责生成、分发、更新和管理加密密钥，确保数据的安全性。密钥的分发有两种方法：一种是通过手工配置的方式，另一种采用密钥交换协议动态分发。目前主要的密钥交换与管理标准有IKE（互联网密钥交换）、SKIP（互联网简单密钥管理）和Oakley等。

4. 使用者与设备身份认证技术

通过验证用户和设备的身份防止未授权的用户或者设备访问内部网络，确保只有授权的用户和设备可以访问VPN。

身份认证：通过标识和鉴别用户的身份，防止攻击者假冒合法用户来获取访问权限。如基于PKI的数字证书、基于活动目录的Kerberos等认证协议等。

5.5.5 隧道协议

隧道协议是一种网络数据包封装技术，其基本功能是将原始IP包（包含原始发送者和最终目的地的报头）封装在另一个数据包（被称为封装的IP包）的数据净荷中进行传输。隧道协议作为VPN IP层的底层，将VPN IP分组进行封装；同时，它作为公用IP网的一种特殊形式，将封装的VPN分组利用公网内的IP协议栈进行传输，以实现隧道内的功能。

隧道协议实现在OSI模型或TCP/IP模型的各层协议栈，如图5-13所示。根据VPN协议在OSI参考模型的实现，VPN大致可以分为：第二层隧道协议、第三层隧道协议、第四层隧道协议以及基于第二三层隧道协议（MPLS）之间的VPN。

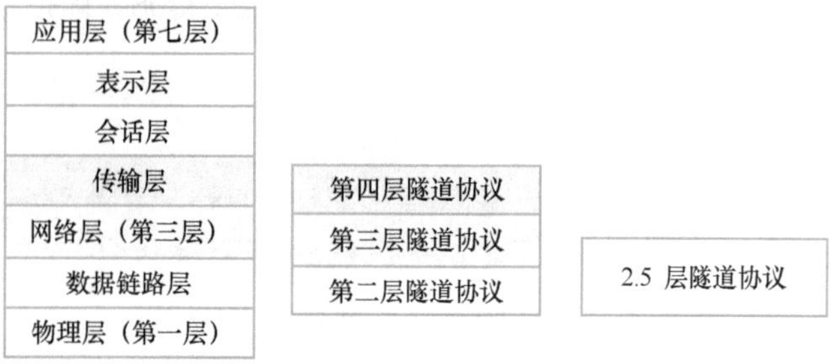

应用层（第七层）		
表示层		
会话层		
传输层	第四层隧道协议	
网络层（第三层）	第三层隧道协议	2.5 层隧道协议
数据链路层	第二层隧道协议	
物理层（第一层）		

图5-13 隧道协议与OSI分层协议模型

（1）第二层隧道协议

第二层隧道协议是将用户数据封装在点对点协议（PPP）帧中通过互联网发送的，主要有PPTP（点对点隧道协议）、L2TP（第二层隧道协议）和L2F（第二层转发协议）等。PPTP和L2TP工作在OSI模型的第二层，故被称为第二层隧道协议。而L2TP自身不提供加密与可靠性验证的功能，通常需要和安全协议（IPSec）搭配使用，从而实现数据的加密传输。

L2TP支持包括IP、ATM、帧中继、X.25在内的多种网络。在IP网络中，L2TP使用注册端口UDP 1701。因此，在某种意义上，尽管L2TP的确是一个数据链路层协议，但在IP网络中，它又的确是一个会话层协议。

（2）第三层隧道协议

第三层隧道协议对应于OSI模型的网络层，使用包作为数据交换单位，是将用户的数据封装在公共网络中进行传输的。常见的第3层隧道协议有GRE（通用路由封装）、IPIP（IP in IP）、IPSec等。

GRE是一种通用的路由封装协议，可以将任意一种网络协议的数据包封装在另一种协议的数据包中。

IPIP是一种简单的隧道协议，可以将IP数据包封装在IP数据包中，从而实现通过公共网络进行私密通信。

IPSec用来解决IP层安全性问题的技术，IPSec同时支持IPv4和IPv6网络。IPSec协议主要包括认证头（Authentication Header，AH）协议和封装安全负载（Encapsulating Security Payload，ESP）协议，密钥管理交换协议（Internet Key Exchange，IKE）协议以及用于网络认证及加密的一些算法。IPSec主要通过加密与验证等方式为IP数据包提供安全服务。

（3）第四层隧道协议

第四层隧道协议通常用于在互联网传输层中进行数据封装，主要有SSL、TSL等协议。SSL（Secure Sockets Layer）是一种提供跨网络层加密通信的协议，广泛应用于Web浏览器和服务器的通信中。TLS（Transport Layer Security）则是SSL的后续标准，同样提供跨网络层加密通信，并具有更强的安全性。

（4）基于第二三层隧道协议

基于第二层和第三层隧道协议也被称为2.5层隧道协议，主要有多协议标签交换（Multiprotocol Label Switching，MPLS）。MPLS是一种用于高速数据传输的路由和交换协议。通过MPLS技术，可以将IP数据包封装在一个硬件交换标签中，这个标签包含了目的地址和转发信息，从而加快了数据包的转发速度并简化了路由选择过程。MPLS主要应用于网络的核心层和汇聚层，可以提供流量工程、QoS、虚拟专用网等应用。

实训任务

任务1　配置与应用Windows自带防火墙

任务目标

○　了解Windows自带防火墙的基本原理和功能。

⬤　掌握Windows自带防火墙的配置方法。

⬤　学会使用Windows自带防火墙来保护计算机免受网络攻击。

⬤　理解防火墙对于网络安全的重要性。

任务环境

⬤　一台装有Windows 10操作系统的计算机。

任务要求

⬤　开启/关闭Windows 10自带防火墙。

⬤　配置Windows 10自带防火墙允许或禁止程序进出防火墙。

⬤　缩写不同的配置规则，应用到具体的场景中。

任务实施

1. 开启/关闭防火墙

打开"控制面板"→"系统和安全"→"防火墙"，单击其中的"启用/关闭Windows Defender防火墙"，如图5-14所示。

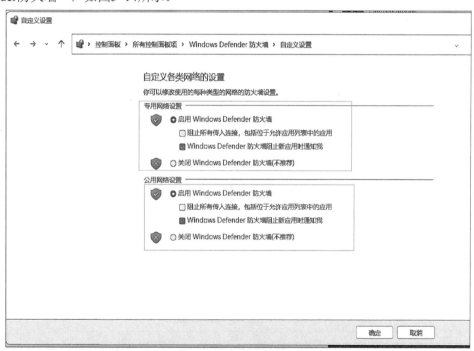

图5-14　启用/关闭Windows Defender防火墙

2. 配置防火墙阻止主机响应外部ping

使用另一台主机（或者手机下载具备ping功能的相应APP）对本机执行ping探测。如果另一台主机能够收到本机的ping回复，则可以继续实验，如图5-15所示。

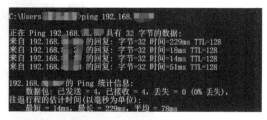

图5-15　对本机进行ping探测

3. 配置规则阻止本机对ping的回应

打开防火墙中的"高级设置"→"入站规则",新建"入站规则"阻止本机对ping的回应。具体规则设置过程:新建规则→规则类型(选择自定义)→协议和端口(协议类型选ICMPv4)→操作(阻止连接)→名称(姓名+学号+阻止ping)→启用规则,如图5-16~图5-20所示。

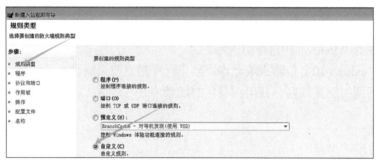

图5-16　新建规则

图5-17　配置协议和端口

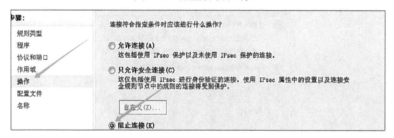

图5-18　配置操作

图5-19　配置名称

图5-20　启用该新建规则

使用另一台主机（或者手机）对本机再次执行ping探测看是否能够收到本机的回复。如图5-21所示，防火墙生效，已经无法接收到ping响应。

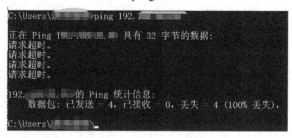

图5-21　ping本机结果

任务小结

通过对Windows自带防火墙的配置任务实验，掌握了防火墙的基本操作，加深了对网络防火墙作为网络安全第一道防线的重要性的理解，并认识到了合理配置防火墙对于防御未授权访问和各种网络威胁的关键作用。

任务2　利用Nmap和X-Scan扫描系统漏洞

任务目标

- 掌握Nmap、X-Scan等工具扫描漏洞的方法。
- 理解网络安全技术的重要性。

任务环境

- VMware虚拟机、Nmap、X-Scan。

任务要求

- 使用Nmap完成系统漏洞扫描。
- 使用X-Scan完成系统漏洞扫描。

任务实施

1. 使用Nmap进行系统漏洞扫描

1）使用ping检测IP网络的连通性，实验中使用的Kali系统的IP为192.168.63.132，如图5-22所示。

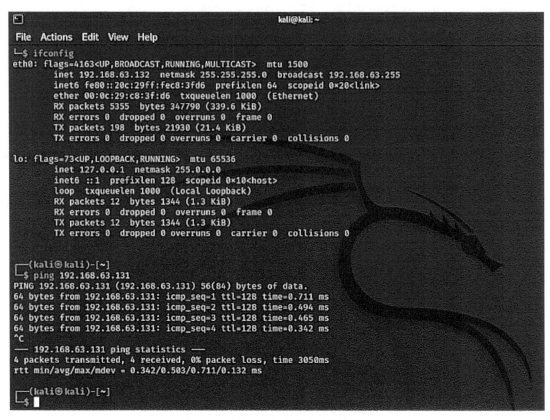

图5-22 使用ping命令测试网络连通性

2）使用Nmap扫描目标网络，只进行主机发现，不扫描端口，如图5-23所示。

命令：nmap-sP 192.168.63.0/24（扫描该网段存活的主机）

```
┌──(kali㉿kali)-[~]
└─$ nmap -sP 192.168.63.0/24
Starting Nmap 7.92 ( https://nmap.org ) at 2022-09-24 05:59 EDT
Nmap scan report for 192.168.63.1
Host is up (0.0024s latency).
Nmap scan report for 192.168.63.2
Host is up (0.00070s latency).
Nmap scan report for 192.168.63.131
Host is up (0.00076s latency).
Nmap scan report for 192.168.63.132
Host is up (0.000086s latency).
Nmap done: 256 IP addresses (4 hosts up) scanned in 2.49 seconds

┌──(kali㉿kali)-[~]
└─$
```

图5-23 使用Nmap进行主机发现

3）使用Nmap扫描目标操作系统信息、服务版本信息，如图5-24所示。

命令：nmap-O 192.168.63.131（扫描靶机08r2的操作系统信息、服务版本信息）

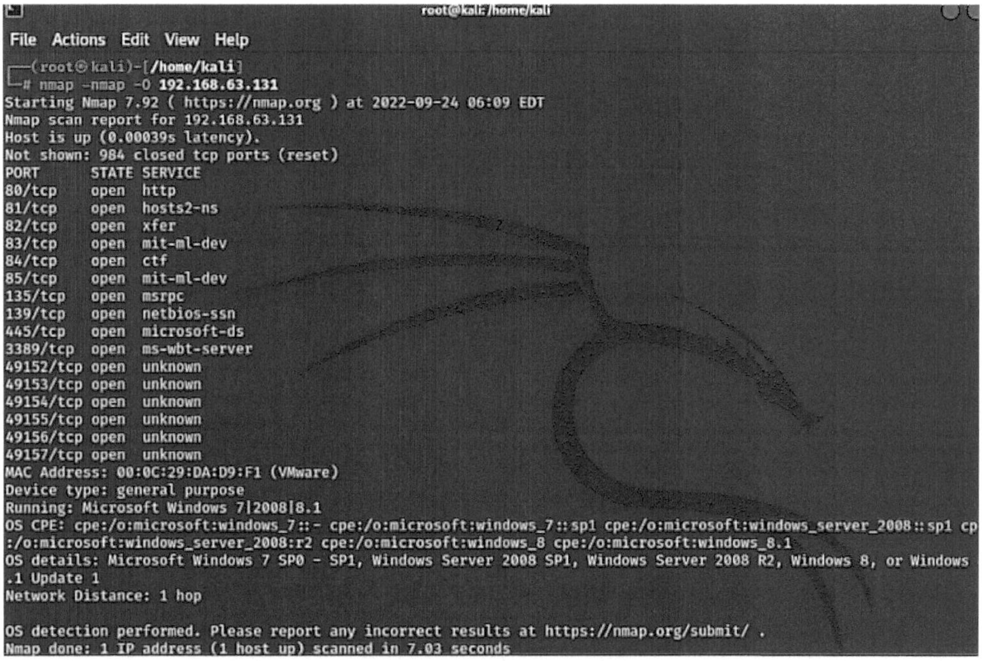

图5-24　使用Nmap扫描目标主机系统信息

4）使用Nmap脚本扫描，找出目标主机ms08-067、ms17-010漏洞，如图5-25所示。

命令：nmap--script=Vuln 192.168.63.131

这里的脚本Vuln负责检查目标机是否有常见的漏洞（Vulnerability），例如是否有MS08_067。

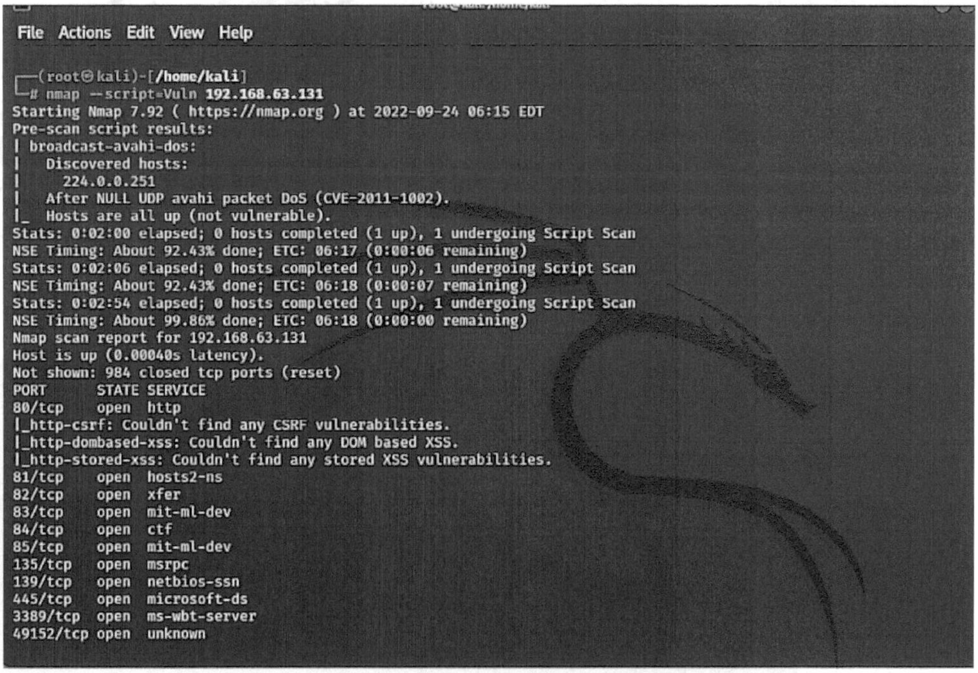

图5-25　使用Nmap扫描目标主机漏洞

扫描发现系统存在ms17-010漏洞，无ms08-067漏洞

2. 使用X-Scan进行系统扫描

1）设置扫描范围。本任务中扫描的IP范围是192.168.63.131和192.168.68.132，如图5-26所示。

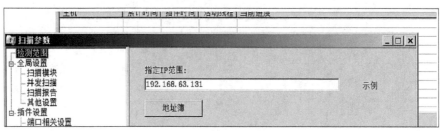

图5-26　设置扫描范围

2）设置字典文件。X-Scan自带一些用于破解远程账号所用的字典文件，这些字典都是简单或系统默认的账号。大家可以选择自己的字典或手工对默认字典进行修改。默认字典存放在"DAT"文件夹中。字典文件越大，探测时间越长，此处无需设置，如图5-27所示。

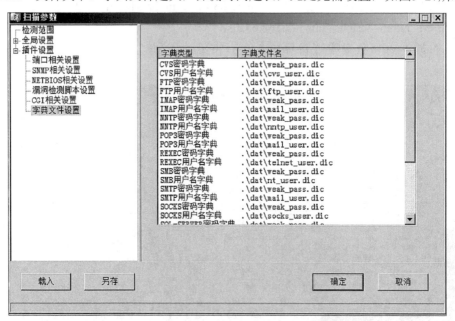

图5-27　设置字典文件

扫描过程如图5-28所示。完成设置后，就可以进行漏洞扫描。图5-29展示了漏洞扫描的结果，共有3个警告和83个提示。

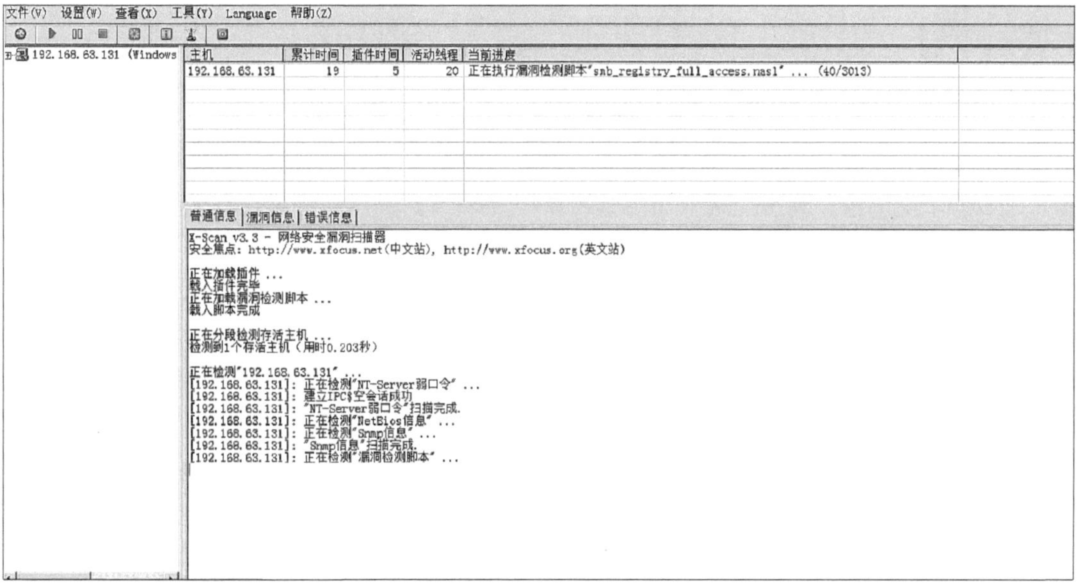

图5-28 扫描过程

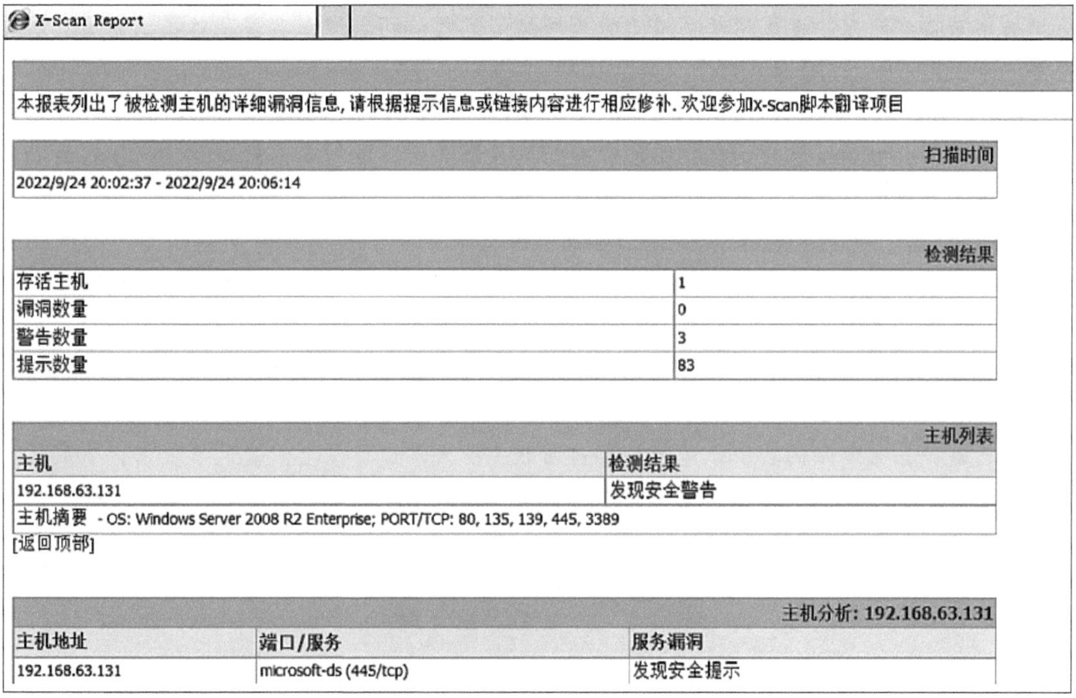

图5-29 扫描结果

◉ 任务小结

　　本任务使用Nmap和X-Scan工具来扫描和识别系统漏洞，学生学会了如何运用这些工具来提高系统的安全性，也认识到定期进行系统漏洞扫描的必要性，以便及时修补安全漏洞，防范潜在的网络攻击。

拓展阅读

西北工业大学遭受网络攻击的主要过程

西北工业大学遭受的网络攻击事件是由美国国家安全局（NSA）的"特定入侵行动办公室"（TAO）发起的。攻击者采取了一系列精心策划的步骤，包括单点突破、级联渗透、隐蔽驻留和长期窃密等战术。以下是攻击的主要过程：

1）单点突破与级联渗透：TAO利用"酸狐狸"平台对西北工业大学的内部主机和服务器实施中间人劫持攻击，部署"怒火喷射"远程控制武器，控制关键服务器。通过木马级联控制渗透的方式，攻击者向学校内部网络深度渗透，控制了运维网、办公网的核心网络设备、服务器及终端，并窃取了身份验证数据。

2）隐蔽驻留与监控：TAO使用"精准外科医生"和远程控制木马NOPEN配合，实现对西北工业大学运维管理服务器的长期隐蔽控制。通过替换系统文件和日志，攻击者规避了溯源，同时窃取了网络设备配置文件，为后续攻击提供支持。

3）搜集身份验证数据与构建通道：攻击者窃取了运维和技术人员的账号密码、操作记录和系统日志等敏感数据，掌握了网络边界设备账号密码、业务设备访问权限等信息。这些信息被用来构建对基础设施运营商核心数据网络的远程访问通道，实现了对基础设施的渗透控制。

4）控制重要业务系统与用户数据窃取：TAO通过掌握的账号密码，以"合法"身份进入运营商网络，控制服务质量监控系统和短信网关服务器，使用专门针对运营商设备的武器工具，查询并窃取敏感身份人员的用户信息。

5）攻击过程中的身份暴露：TAO在攻击过程中暴露了多项技术漏洞和操作失误，例如，攻击时间与美国工作作息时间规律吻合、语言行为习惯与美国密切关联以及武器操作失误暴露了工作路径等。这些证据进一步证实了攻击者的身份。

6）网络攻击武器平台与跳板IP：技术团队发现了TAO在攻击过程中使用的服务器IP地址和跳板IP地址，这些信息有助于追踪攻击者的身份和行为。

通过这一系列复杂的攻击手段，TAO对西北工业大学进行了上千次网络攻击，窃取了大量敏感信息。这一事件凸显了网络安全的重要性，以及对国家关键基础设施保护的紧迫性。

>>>>

课后思考与练习

一、单项选择题

1. 防火墙的基本功能是（　　）。
   A. 加速网络流量
   B. 监控网络流量并进行访问控制
   C. 增加网络存储空间
   D. 优化网络结构

2. 隔离网闸技术的主要作用是（　　）。
   A. 提高网络传输速度
   B. 实现不同安全级别的网络之间的安全隔离

C．增加网络的存储容量

D．优化网络结构

3．漏洞扫描技术的工作原理是（　　）。

A．通过模拟黑客攻击来发现系统漏洞　　　B．通过增加网络流量来发现系统漏洞

C．通过减少网络流量来发现系统漏洞　　　D．通过改变网络结构来发现系统漏洞

4．虚拟专用网络的主要特点是（　　）。

A．成本高　　　　　　　　　　　　　　　B．需要专用物理线路

C．数据传输不安全　　　　　　　　　　　D．具有成本低、安全性高的特点

二、简答题

1．漏洞扫描技术包括3个工作过程，分别是什么？

2．VPN中的隧道协议的作用是什么？有哪几种类型？

模块6　无线网络安全

学习目标

- 培养学生的团队精神。
- 提高对于保护个人隐私和重要数据的意识，建立安全的网络使用习惯。
- 了解无线网络安全的基本概念和原理。
- 理解无线网络中常见的安全威胁和攻击方式。
- 掌握保护无线网络安全的基本方法和技巧。
- 掌握WLAN的认证技术。
- 学会配置和管理无线网络。

在当今数字化时代，保护个人隐私和企业机密至关重要，随着互联网的普及和移动设备的广泛使用，计算机无线网络已经成为人们日常生活和工作中不可或缺的重要组成部分。然而，这种便利也伴随着诸多安全威胁的出现，包括未经授权的访问、恶意软件和病毒的传播以及网络钓鱼等风险。

本模块旨在深入介绍计算机无线网络的基本概念、WLAN安全威胁与防护策略，以及最新的WLAN认证技术。通过任务实施演示和深度分析，揭示无线网络安全所面临的挑战，并展示如何有效保护WLAN的网络安全。这些措施不仅有助于抵御潜在的安全威胁，还能够提升用户对计算机无线网络安全的意识，确保数据传输的安全性和完整性，从而促进数字化社会的可持续发展。

本模块知识思维导图如图6-1所示。

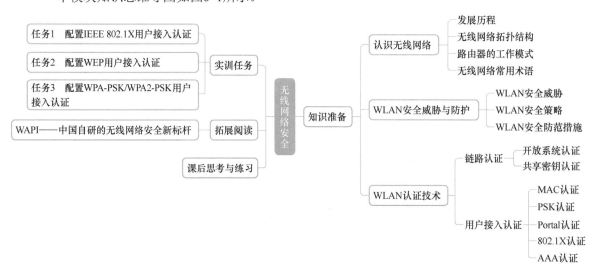

图6-1　模块知识思维导图

知识准备

6.1　认识无线网络

6.1.1　发展历程

无线网络是一种通过无线电波传输数据的网络系统。它涵盖的范围广，既包括允许用户建立远距离无线连接的全球语音和数据网络，也包括为近距离无线连接进行优化的红外线及射频技术。例如，家庭、办公室、咖啡馆、图书馆等无线网络连接。无线网络的主要组成部分包括无线接入点、无线路由器、无线网卡和无线设备等。无线网络可以通过WiFi、蓝牙、移动网络等多种无线技术实现数据传输和通信。无线网络的优势包括便捷性、灵活性和可扩展性，使得用户可以随时随地连接到网络并进行数据传输和通信。

1968年由夏威夷大学的Norman Abramson及其同事研制的ALOHA系统被认为是第一个无线网络。1985年，美国联邦通信委员会（FCC）开放2.4GHz频段，使无线局域网络（WLAN）向着商业化发展。1987年，世界上第一个试验性无线局域网诞生，但随后各厂商的无线局域网不能互联，于是国际电子电器工程师协会（IEEE）开始进行无线局域网标准的制定。

1997年，IEEE 802.11标准发布，统一了无线局域网领域。

1999年，802.11标准得到了进一步的修订和完善，相继产生了802.11b标准（2.4GHz频带）和802.11a标准（5GHz频带）。IEEE 802.11b标准支持更高的数据传输速率，最高可达11Mbit/s。

2003年6月，802.11g标准（2.4GHz频带）发布，最高数据传输速率可达54Mbit/s，802.11g能够兼容802.11b，但不兼容802.11a。

2006年，IEEE 802.11n标准发布，支持更高的数据传输速率和更远的覆盖范围，最高可达600Mbit/s。

2013年，IEEE 802.11ac标准发布，采用更高效的技术，支持更高的数据传输速率和更大的网络容量，最高可达6.9Gbit/s。

2019年，IEEE 802.11ax标准发布，也称为WiFi 6，支持更多的设备同时连接，并提供更高的数据传输速率和更好的网络性能。

WiFi（Wireless Fidelity）指高质量的无线局域网，它通过无线接入点连接多个无线客户端设备，让它们可以访问网络资源和互联网。它是WiFi联盟为普及IEEE 802.11的各种标准而打造的一个品牌名称。WiFi实质上是一种商业认证，具有此认证的产品意味着其符合IEEE 802.11系列无线网络协议，并且通过了互操作测试认证。IEEE 802.11系列协议属于短距离无线传输技术，该技术使用2.4GHz或5GHz附近频段，它允许计算机、智能手机和其他设备通过无线网络相互连接和通信。

WiFi的发展历史可以追溯到20世纪90年代，当时美国联邦通信委员会（FCC）放开了2.4GHz频段的使用限制，使得无线局域网（WLAN）技术得以快速发展。

6.1.2 无线网络拓扑结构

无线网络以无线电波传输数据，能够快速、方便地连接到互联网。其主要由无线站点、无线传输介质、无线接入点等组成。

无线站点即无线工作站，是WLAN最基本的组成单元。通常指WLAN中的无线终端，简称站点。站点通常是可以自由移动的，即在无线网络的覆盖区域内改变空间位置。

无线传输介质是WLAN中站点与站点之间，或站点与无线接入点之间传输数据的物理介质。WLAN的传输介质是空气，IEEE 802.11系列标准定义了射频信号在空气中传播的物理特性，如工作频段、调制编码方式等。

无线接入点（Access Point，AP）是WLAN和分布式系统的桥接点，用于建立无线网络连接并提供接入服务。主要功能是将有线网络连接转换为无线信号，允许无线设备（如笔记本计算机、智能手机、平板计算机等）通过WiFi连接到局域网或互联网，通过部署适量的AP能够实现稳定、高效的无线网络连接，满足用户对无线通信的需求。

WLAN的拓扑结构主要有以下三种无线网络的拓扑结构：独立型基本服务集（IBSS）、基础结构型基本服务集（BSS）和扩展服务集（ESS）。

1. 独立型基本服务集

独立型基本服务集（Independent Basic Service Set，IBSS）是一种无线拓扑结构，又称Ad Hoc模式（点对点模式），也称为独立基本服务集或独立广播卫星服务。在这种模式下，IBSS没有无线基础设施骨干，无线设备通过无线信号相互连接，形成一个临时的无线局域网，不需要通过无线路由器或接入点进行连接。独立型基本服务集适用于一些特定场景，如临时性网络搭建、设备快速连接、对等通信等，需要手动设置和管理，网络覆盖只有几米，缺乏中央管理和控制，稳定性和安全性差。

2. 基础结构型基本服务集

基础结构型基本服务集（Basic Service Set，BSS）是最常见的无线局域网拓扑结构，由一台无线路由器和有线连接到该路由器的台式计算机、笔记本计算机或手机组成。在BSS中，无线路由器负责提供无线连接和网络接入功能。它通常用于家庭、小型办公室和企业网络中。

在BSS中，所有设备都通过无线信号连接到无线路由器，形成一个基本的无线网络。用户可以通过无线路由器访问互联网或其他网络资源，也可以在设备之间进行文件共享、打印等操作。由于BSS通常只包含一个无线路由器和有限数量的客户端设备，因此其覆盖范围和设备数量有限。

3. 扩展服务集

扩展服务集（Extended Service Set，ESS）是由多个基础结构型基本服务集组成的网络。在ESS中，多个BSS通过无线信号相互连接，形成一个更大的无线网络覆盖范围。这种拓扑结构常用于需要提供更大覆盖范围和更多网络连接的场合，如大型企业、公共场所等。

在ESS中，每个BSS通常由一个无线路由器和有线连接到该路由器的台式计算机、笔记本计算机或手机组成。多个BSS通过无线信号相互连接，形成一个更大的无线网络覆盖范围。用户可以根据需要选择连接到哪个BSS上。由于ESS通常由多个BSS组成，因此其覆盖范围和设备数量相对较大。

在ESS中，为了实现无缝漫游，不同的BSS通常会使用相同的SSID（服务组标识符），这样用户可以在不同的BSS之间无缝切换连接。此外，ESS通常还支持多个接入点（AP）之间的协调和负载均衡，以提供更好的网络性能和可靠性。

6.1.3 路由器的工作模式

无线路由器的工作模式众多，大体可分为路由模式和AP模式。AP模式又可以细分为接入点模式、桥接模式、中继模式及客户端模式，如图6-2所示。

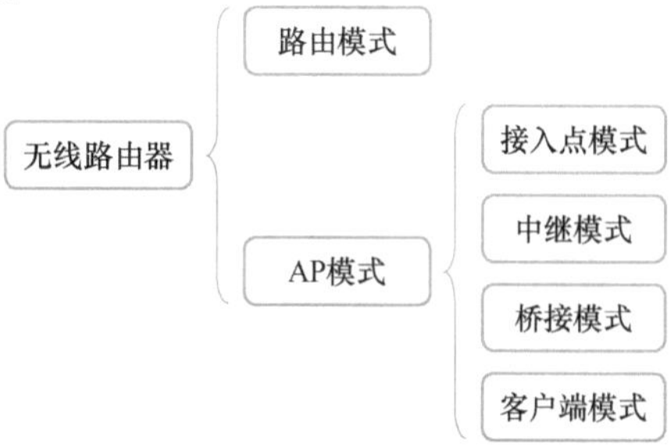

图6-2   路由器的工作模式

1. 路由模式（Router）

无线路由器基本上都工作在此模式之下，此时路由器担任无线接入功能和路由功能。此模式下路由器WAN口连接调制解调器或局域网，路由器可以配置多种上网管控策略，如IP地址、网址、应用访问等的限制等。路由器的无线接入功能则负责发射WiFi信号组成无线局域网WLAN。接入WLAN和连接有线LAN口的多个设备位于同一个局域网内，拥有相同的网段，可以直接进行内网通信。在此模式中，NAT、防火墙与DHCP服务器默认为开启。路由模式如图6-3所示。

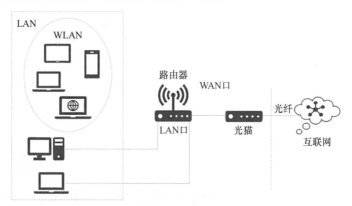

图6-3   路由模式

2. 接入点模式

在这种模式下的路由器只有接入功能，没有路由功能，相当于一个带无线接入功能的交换机，能实现有线和无线多个设备的局域网接入。在此模式中，WiFi无线路由只需配置无线SSID和安全策略即可，并且防火墙、IP分享与NAT功能默认关闭。路由器不会配发IP地址给连接的客户端，为了避免和前端网络设备的DHCP冲突，通常会关闭本机的DHCP功能，用户设备的IP地址和DNS地址需要手动配置或通过前端的DHCP自动分配，有线接口为LAN口。此模式适用于商务、酒店、学校等环境的无线连接。

3. 桥接模式（Wireless Bridge）

建议使用两台相同型号的无线路由器，一台作为桥接模式，另一台作为路由模式。设为桥接模式时，两台路由器之间通过WiFi连接。在此模式中，桥接路由器只提供有线连接上网的功能，防火墙、IP分享与NAT功能默认关闭。路由器不会配发IP地址给连接的客户端。

4. 中继模式

无线AP在网络连接中起到中继的作用，能实现信号的中继和放大，从而延伸无线网络的覆盖范围。在中继模式中，路由器通过WiFi连接另一台无线路由器以延伸此路由器的WiFi信号覆盖范围。在此模式中，防火墙、IP分享与NAT功能默认关闭。路由器不会配发IP地址给连接的客户端。中继模式如图6-4所示。

图6-4　中继模式

5. 客户端模式（Client）

路由器工作在客户端模式下相当于无线网卡，用来连接无线热点信号或无线路由器，计算机通过网线连接到路由器，即可接入无线网络。适用于网络媒体播放器、互联网电视等需要通过无线方式连接互联网的网络设备。

6.1.4　无线网络常用术语

● WiFi（Wireless Fidelity）：在无线局域网的范畴是指"无线相容性认证"，实质上是一种商业认证，是WiFi联盟的商标，与无线保真无关。WiFi联盟（WiFi Alliance）负责对无线设备进行认证测试及WiFi商标授权，主要目的是在全球范围内推广WiFi产品的兼容认证，发展基于IEEE 802.11标准的WLAN技术。

● SSID（Service Set Identifier）：服务集识别码，是用于唯一标识WLAN的名称，最多32个字符的字符串，通常由英文字母和数字组成。

● AP（Access Point）：接入点，终端接入网络的设备。根据应用场合的不同，分为"瘦AP"和"胖AP"两种类型，其工作模式分为正常模式和监测模式。

● MAC Address（Media Access Control Address）：介质访问控制地址，是一个唯一的硬件地址，用于在局域网中识别网络设备。

● DHCP（Dynamic Host Configuration Protocol）：动态主机配置协议，用于自动分配IP地址、子网掩码和网关等网络配置给客户端设备。

● NAT（Network Address Translation）：网络地址转换，一种通过在网络设备之间转换IP地址的技术，用于连接多个设备共享一个公共IP地址。

● DNS（Domain Name System）：域名系统，用于将域名转换为IP地址的系统，使用户可以通过域名访问互联网。

● Firewall：防火墙，一种用于保护计算机网络安全的安全设备或软件。监控网络通信，并根据预先设定的规则，允许或阻止数据包的通过，防止未经授权的访问和恶意攻击，保护网络免受潜在的威胁。通常设置在网络边界、路由器、服务器等位置。

● Wireless Hotspot：无线热点，指通过无线网络技术建立的局域网络访问点，允许使用无线设备（如智能手机、平板计算机、笔记本计算机等）连接到互联网。无线热点由无线路由器或无线接入点提供，用户可以通过WiFi技术与无线热点建立连接，从而在覆盖范围内访问互联网和其他网络资源。

6.2　WLAN安全威胁与防护

6.2.1　WLAN安全威胁

1）未经授权的接入：无线网络可以让用户方便地通过移动设备接入互联网，但这也意味着任何人都可以在未经授权的情况下使用用户的网络资源。黑客可以通过破解密码或利用漏洞，轻松地接入无线网络，进而进行非法活动，如窃取个人信息、攻击企业网络等。

2）恶意软件与病毒：无线网络传播速度快，覆盖范围广，很容易成为恶意软件和病毒传播的渠道。一旦感染病毒或恶意软件，整个网络系统都可能面临严重的安全威胁。

3）网络钓鱼：在无线网络环境下，网络钓鱼的威胁更加严重，因为用户往往更容易放松警惕。这是一种利用虚假网站、邮件等手段诱骗用户提供个人信息或敏感信息的行为。

4）拒绝服务攻击：这是一种通过大量无用的请求或数据流量，使网络或系统超负荷运行，从而让用户无法正常访问资源的攻击方式。

5）网络带宽被盗用：很多企业使用无线路由器或者是无线AP组建无线网络，非法接入者只要在企业无线网络的覆盖范围之内就可以盗用企业的带宽资源，可能导致企业网络出现拥塞的现象。

6）机密外泄：企业网络中通常会存放着企业的一些商业合同及客户资料，入侵者一旦成功登录无线网络，企业的商业机密将会受到威胁。

6.2.2　WLAN安全策略

WLAN安全策略是指通过采取一系列措施和技术手段，确保无线局域网系统中数据的保密性、完整性和可用性，防止未经授权的访问和恶意攻击，保障网络的安全性和稳定性。通常WLAN的安全包括用户身份验证（将在6.3节中学习）和数据加密技术。WLAN通常采用的加密技术有WEP、WPA、WPA2、WPA3等。

1）WEP（Wired Equivalent Privacy，有线等效加密）是一种早期的无线局域网（WLAN）数据加密标准，旨在提供与有线网络相当的保护能力。WEP使用了名为RC4的对称加密算法对无线通信进行加密，以确保数据传输的机密性。它支持开放系统认证和共享密钥认证两种认证方式。

WEP加密算法存在严重的安全漏洞，容易被攻击者破解，已不再推荐使用，而是推荐采用更安全的加密协议，如WPA、WPA2或WPA3。

2）WPA（WiFi Protected Access，WiFi网络安全接入）是一种用于保护无线局域网（WLAN）数据安全性的加密协议，有WPA、WPA2和WPA3三个标准。它是作为WEP的替代方案而开发的，旨在解决WEP存在的安全漏洞。WPA采用了TKIP（Temporal Key Integrity Protocol，临时密钥完整性协议）来加强数据加密，使用了动态生成的加密密钥，有效避免了WEP中存在的静态密钥的安全问题，并使用802.1X认证协议和EAP（Extensible Authentication

Protocol，可扩展认证协议）来提供更强的身份验证机制。

在WPA中要用一个802.1X认证服务器来分发不同的密钥给各个终端用户；WPA也可以用在较不保险的预共享密钥（Pre-Shared Key，PSK）模式，让同一无线路由器底下的每个用户都使用同一把密钥。

在WPA-PSK中，PSK表示预共享密钥，也称为网络密码，是用户在连接到WiFi网络时需要输入的密码。WPA-PSK通过使用TKIP或AES（Advanced Encryption Standard）加密算法，对数据进行加密，确保数据传输的机密性和完整性。而PSK则用于建立加密通道的密钥，所有连接到该WiFi网络的设备都需要使用相同的PSK来进行身份验证和加密通信。

WPA-PSK是一种较为安全且易于部署的WiFi安全协议，适用于家庭、小型企业等场景，可以有效保护WiFi网络免受未经授权访问和数据泄露的威胁。尽管WPA-PSK相对于WEP等早期加密方式更为安全，但仍然存在一些安全漏洞，例如暴力破解攻击和字典攻击。因此，在配置WPA-PSK时，建议采用强密码（包括大小写字母、数字和特殊字符的组合），并定期更换密码，以增强网络安全性。

3）WPA2：WPA2是一种用于保护无线网络通信安全的协议，是WPA的后继版本，提供了更强大的数据加密和网络访问控制。WPA2采用高级加密标准（AES）来保护数据传输，并使用802.1X认证来控制用户对网络的访问。WPA2支持个人模式（WPA2-PSK）和企业模式（WPA2-Enterprise）两种认证方法。在个人模式下，用户通过输入预共享密钥（PSK）来连接到网络；而在企业模式下，需要使用基于802.1X的认证服务进行身份验证。

由于采用更强大的加密算法和认证机制，WPA2被认为是一种相对安全的无线网络安全标准，适用于各类组织和场所，能够有效保护WiFi网络免受未经授权访问和数据泄露的威胁。

4）WPA3：WPA3是WPA2的后继版本，是WiFi联盟推出的新一代无线网络安全协议，采用了更安全的加密算法，如Simultaneous Authentication of Equals（SAE）和256bit Galois/Counter Mode Protocol（GCMP-256），提供更高级别的数据保护和隐私保护。WPA3于2018年推出，WPA3较WPA2有以下改进：

① 改进的密码认证：WPA3引入了更安全的密码认证方式，使得破解密码更加困难。

② 增强的加密：WPA3采用更先进的加密标准，提供更高级别的数据保护和隐私保护。

③ 防止连接劫持：WPA3增强了对公共无线网络的连接安全性，防止连接时的数据被窃取或篡改。

④ 防止密码猜测攻击：WPA3引入了更严格的密码猜测防护机制，使得破解密码变得更加困难。

⑤ 公共网络加密：WPA3支持无线网络中公共网络的加密，提供更安全的连接方式，保护用户在公共场所的数据传输安全。

6.2.3 WLAN安全防范措施

1. 未经授权使用网络服务及防范措施

无线网络的信号可以穿透墙壁，容易被附近的人接收到，这为潜在的黑客提供了入侵的机会。黑客可以通过破解无线网络的密码，窃取使用者的个人信息，例如，银行账号、电子邮件等，甚至有可能控制在同一个WiFi下的其他计算机。

建议采用使用WPA2或更高级别的安全协议、定期更换密码等方式加强信息安全保护，以提高数据传输的安全性。

2. 地址欺骗和会话拦截及防范措施

黑客可能通过伪造IP地址或MAC地址等方式进行会话拦截，进一步获取敏感信息。

建议采用MAC地址过滤、禁用DHCP等方法防范攻击，通过无线控制器将指定的无线网卡的MAC地址添加到允许列表中，只有列表中的设备才能连接到无线网络。另外，建议关闭无线网络中不需要的服务，以减少安全漏洞。

3. 流量分析与流量侦听及防范措施

由于无线局域网的特性，未授权的设备或人员可能会设置和使用非法的无线接入点，或进行流量分析和侦听，从而窃取敏感信息，对网络安全构成威胁。通常可以使用防火墙、虚拟局域网或其他网络边界执行技术来防范，同时执行限制流量进出的安全策略和定期检查并升级无线网络设备的固件，修复已知的安全漏洞。

4. 开放WiFi的安全隐患及防范措施

接入未知的公共区域WiFi时，可能存在的安全隐患包括未经授权使用网络服务、地址欺骗和会话拦截（中间人攻击）、数据泄露、钓鱼网站以及欺诈行为等。

建议采取以下措施：关闭自动连接WiFi功能、不连接无密码或者是无认证的公共WiFi、使用防火墙、安全软件等工具有效防止其他人利用公共网络对个人设备进行非法访问、避免访问敏感网站或服务，如银行平台等，以减少个人信息被盗取的风险。

6.3　WLAN认证技术

针对WLAN面临的安全威胁，目前最常用的两种安全防御机制是认证和加密。

认证是指对用户的身份进行验证，要求用户提供能够证明其身份的凭据。只有通过身份验证的用户才可以接入无线网络并使用网络资源。无线安全认证有链路认证和用户接入认证两种方式。

6.3.1　链路认证

链路认证是一种无线安全认证方式，它用于验证用户设备与无线网络之间的物理链路是否可信。链路认证通过检测和验证传输的数据包来确保通信链路的安全性。常见的链路认证方式包括WEP（有线等效隐私）、WPA（WiFi保护访问）和WPA2等。

IEEE 802.11标准定义了开放系统认证和共享密钥认证两种链路认证方式。

1. 开放系统认证（Open System Authentication）

开放系统认证是一种基本的认证方法，它主要是对STA（无线终端设备）的通信能力进行验证。在开放系统认证中，AP（接入点）允许任何符合802.11标准的STA接入无线局域网，而不需要进行详尽的身份验证。认证过程主要集中在验证STA的通信能力，而非其身份。当STA尝试连接到一个WLAN时，AP会发送一个认证请求帧，STA需要回复一个认证响应帧以确认其通信能力。

开放系统认证优点是简单易实现、适用于公共场所等对用户身份验证要求不高的环境。缺点是未进行身份验证，安全性较低，存在被恶意用户攻击的风险，信息泄露风险高。

2. 共享密钥认证（Shared Key Authentication）

共享密钥认证是无线网络中常用的一种认证方法，用于验证无线终端设备的身份和通信能力，更加安全，它要求STA和AP配置相同的密钥（共享密钥），双方通过交换几个报文来验证STA的身份。在共享密钥认证过程中，首先STA向AP发送认证请求，并附带一个加密的挑战文本。AP会将这个挑战文本发送给STA，并要求STA回答一个预期的正确响应。如果STA能够正确回答，则认为STA的身份验证通过，可以与AP建立通信连接。这种方式的优势在于提供更高的安全性，因为双方都需要知道相同的密钥才能进行认证。

（1）共享密钥认证的优点

身份验证：共享密钥认证可以验证STA的身份，防止未经授权的设备接入网络。

较高的安全性：通过使用加密算法和共享密钥，可以提供较高级别的安全性。

（2）共享密钥认证的缺点

密钥管理：密钥的共享和管理可能会带来一些复杂性和安全风险。

配置要求：AP和STA需要预先配置相同的密钥，这可能需要一些额外的工作。

6.3.2 用户接入认证

用户接入认证是指在用户设备（如计算机、手机等）尝试连接到网络时，系统对用户身份进行验证的过程。这是确保网络安全和控制访问权限的重要方式。是对用户的身份进行区分，并根据用户的身份授予用户不同的网络访问权限，授权用户访问不同的网络资源。用户接入认证涉及密钥协商和数据加密，安全性比链路认证高。常见的用户接入认证的方式有MAC认证、PSK认证、Portal认证、802.1X认证和AAA认证等。无论哪种认证方式，都是在数据传输过程中使用加密算法来保护数据的机密性，并提供访问控制，防止未经授权的设备或用户接入网络。选择合适的用户接入认证方式需要综合考虑安全性、易用性和部署成本等因素，以满足网络的需求。

1. MAC认证

MAC（Media Access Control）认证是一种基于设备的身份验证方式，通过验证设备的MAC地址来确定其是否被允许接入网络。每个网络设备的网卡都有唯一的MAC地址，可以用作识别设备的标识符。在MAC认证中，网络管理员会事先将授权设备的MAC地址添加到许可列表中，只有列表中的设备才能成功连接到网络。这种认证方式相对简单，适用于小型网络或需要限制特定设备接入的场景。然而，MAC地址并非绝对安全，因为它可以被伪造或篡改。因此，在高度安全性要求的网络环境下，通常会配合其他更加安全的认证方式来提高网络的保护级别。

MAC认证简单易用，适用于小规模网络。但MAC地址可以被伪造，安全性较低。

2. PSK认证

PSK（Pre-Shared Key）认证是一种常见的无线网络安全认证方式，常用于WPA加密协议中。在PSK认证中，AP和无线客户端设备共享一个预先设置的密钥，该密钥用于加密数据传输和进行身份验证。

PSK认证的工作过程如下：

1）密钥生成和配置：网络管理员在设置无线网络时会指定一个预先共享的密钥（PSK）。这个密钥可以是一个密码或一组字符，用于加密数据传输和认证用户身份。

2）连接建立：当用户设备尝试连接到无线网络时，它需要提供与接入点（AP）预先配置的PSK相匹配的密钥。

3）密钥验证：用户设备将输入的PSK发送给接入点，接入点验证PSK是否匹配。如果匹配成功，用户设备就被授权连接到无线网络。

4）安全通信：一旦连接建立，用户设备和接入点之间的数据传输将通过PSK进行加密。这样可以确保数据的机密性，防止未经授权方访问或篡改数据。

PSK认证为WLAN提供了较高的安全性，适用于家庭和小型办公网络。但当密钥泄露时，需要重新配置所有设备。

3. Portal认证

Portal认证，又称为Web认证，用户需要通过浏览器进入一个门户页面来输入用户名和密码等凭据进行认证。通过Portal认证，网络管理员可以确保只有经过认证的用户可以访问网络，并且可以监控和管理用户的网络使用情况。这种认证方式在公共WiFi热点、企业网络和学校网络等场所被广泛采用，以提高网络安全性和管理效率。

在Portal认证中，有主动Portal认证方式和被动Portal认证方式两种工作方式，无论是主动Portal认证还是被动Portal认证，其核心思想都是通过Web页面输入账号信息完成认证，以确保网络访问的安全性和控制权限。

（1）主动Portal认证方式

用户主动访问位于Portal服务器上的认证页面，并在页面上输入账号信息（如用户名和密码）进行认证。用户需要自行发起认证过程，通常用于公共WiFi、酒店或其他需要用户登录的网络环境。

（2）被动Portal认证方式

在被动Portal认证方式下，用户在访问公司外网时会被强制重定向到Portal认证页面。这种方式通常通过HTTP实现，用户访问外部网站时会被拦截，然后跳转到认证页面进行登录操作，完成认证后才能正常访问外部网站。这种方法通常用于企业内部网络，以确保所有用户都经过认证后才能访问互联网。

Portal认证适用于公共场所和临时网络，可以灵活控制用户的访问权限。但容易受到中间人攻击和钓鱼攻击。

4. 802.1X认证

802.1X认证是基于IEEE 802.1X标准，使用认证服务器进行集中式身份验证，要求用户提供有效的凭据才能接入网络。IEEE 802.1X是一种网络访问控制标准，用于对有线和无线网络中的用户进行身份验证和授权。它主要解决了网络接入认证和安全方面的问题，可以有效防止未经授权的设备或用户访问网络资源。

802.1X认证体系采用了典型的客户端/服务器架构，如图6-5所示，包括3个主要组成部分：

1）请求方（Supplicant）：请求方是指需要接入网络的客户端设备或用户，它向网络发起认证请求，并在认证过程中提供必要的凭据或证书。

2）认证方（Authenticator）：认证方是指网络中的交换机、路由器或无线接入点等设备，在用户请求接入网络时负责与请求方进行通信，协调认证流程，并将认证请求传递给认证服务器。

3）认证服务器（Authentication Server）：认证服务器是负责验证用户身份信息的服务器，通常使用诸如RADIUS（远程身份验证拨号用户服务）等协议进行通信。认证服务器根据用户提供的凭据或证书，判断用户是否有权限接入网络并向认证方发送相应的认证结果。

在802.1X认证过程中，请求方会与认证方进行通信，然后认证方会将认证请求转发至认证服务器进行验证。认证服务器返回认证结果给认证方，从而确定是否允许请求方接入网络。这种认证方式可以有效保护网络安全，确保只有经过认证的用户或设备可以访问网络资源。

802.1X认证的工作流程如下：

① 接入设备请求连接到网络。

② 接入设备被要求提供凭据进行身份验证，例如用户名和密码。

③ 接入设备凭据被发送到RADIUS服务器进行验证。

④ RADIUS服务器将身份验证结果发送回接入设备。

⑤ 如果身份验证成功，接入设备将被授权访问网络。

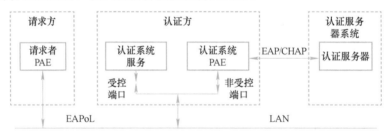

图6-5 802.1X认证体系

802.1X认证提供了强大的身份验证和加密功能，适用于大规模部署和企业级网络。但其配置复杂，还需要额外的认证服务器支持。

5. AAA认证

AAA认证是指通过Authentication（认证）、Authorization（授权）和Accounting（计费）这三种功能来对网络用户进行身份验证、授权和计费的过程。AAA认证通常由专门的AAA服务器完成，用户在接入网络时需要经过以下步骤：

1）认证：用户在接入网络时需要提供身份信息，比如用户名和密码、数字证书等。AAA服务器将验证这些信息，确认用户的身份是否合法。认证成功后，用户将获得访问权限。

2）授权：根据认证结果，AAA服务器会根据用户的身份和属性决定用户可以访问哪些网络资源和服务。通过授权，用户将被分配相应的访问权限，以确保他们只能访问其被授权访问的内容。

3）计费：是指记录用户在使用网络服务过程中的所有操作，以便收集和记录用户对网络资源的使用情况。这包括用户的上网时间、数据传输量等信息，用于实现基于时间、流量等维度的计费需求。

在整个AAA认证过程中，系统需要保证信息的机密性、完整性和可用性，以防止未经授权的访问和篡改。同时，AAA认证还需要与其他安全机制相结合，如防火墙、入侵检测系统等，共同构成网络安全的防护体系，确保用户身份的真实性、访问资源的合法性和行为记录的准确性，从而保障网络的安全和稳定。

实训任务

→ 任务1　配置IEEE 802.1X用户接入认证

任务目标

- ○ 了解IEEE 802.1X身份认证协议。
- ○ 掌握IEEE 802.1X身份认证的配置方法。

任务环境

- ○ Windows 7操作系统、FAST300路由器、安装有无线网卡的计算机。

任务要求

- ○ 以Windows系统为例，配置IEEE 802.1X用户接入认证。

任务实施

1）右击选择"计算机"→"管理"命令，在"计算机管理"中选择"服务和应用程序"，在服务进程中找到"Wired AutoConfig"服务并右击选择"启动"，如图6-6所示。

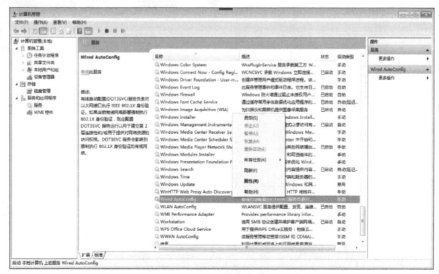

图6-6　启动无线自动配置服务

2）在"控制面板"中打开"网络和Internet"，单击"网络和共享中心"，并选择"管理无线网络"，右击需要配置的无线网络，选择"属性"，如图6-7所示。

图6-7　管理无线网络

3）在打开的"无线网络属性"对话框中，选择"安全"选项卡，设置"安全类型"为"WPA2-企业"，"加密类型为"为"AES"，将"选择网络身份验证方法"设为"Microsoft受保护的EAP（PEAP）"，然后单击"设置"按钮，如图6-8所示。

4）在打开的"受保护的EAP属性"对话框中取消选中"验证服务器证书"，在"选择身份验证方法"中单击"配置"按钮，如图6-9所示。

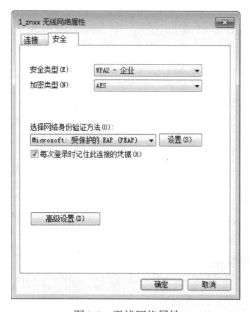

图6-8　无线网络属性

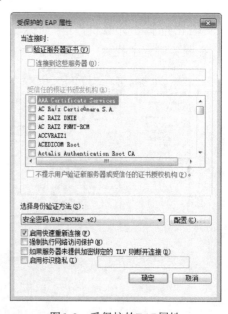

图6-9　受保护的EAP属性

5）在打开的"EAP MSCHAPv2"属性对话框中，取消选中"自动使用Windows登录名和密码"，单击"确定"按钮，如图6-10所示。

6）完成以上配置操作后，就可以进行IEEE 802.1X客户端的认证测试了，选择配置了IEEE 802.1X认证的无线局域网信号，双击连接，弹出"Windows安全"对话框，输入正确的用户名及密码，就可以成功连入无线网络，如图6-11所示。

图6-10　取消复选框

图6-11　输入用户名及密码

任务小结

本任务以Windows系统为例，通过搭建简单的网络环境，模拟用户接入认证的场景。通过实际操作和调试，加深了对802.1X认证原理和配置方法的理解，为日后网络安全管理提供参考。

任务2　配置WEP用户接入认证

任务目标

- ❍ 理解WEP用户接入认证。
- ❍ 掌握WEP用户接入认证的配置。

任务环境

- ❍ Windows 7操作系统、FAST300路由器、安装有无线网卡的计算机。

任务要求

❍ 以家庭路由器为例，构建WEP加密的WLAN，并使客户端可以成功接入无线网络，连接后可以通过密码安全访问无线网络。

任务实施

1）构建WEP加密的WLAN，按照图6-12所示的拓扑结构组建一个WLAN。

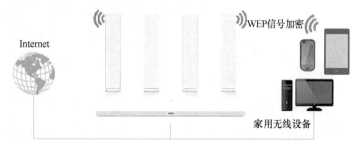

图6-12　WEP加密WLAN

2）登录并管理WLAN。

启动浏览器并在地址栏中输入路由器管理地址，一般默认是192.168.1.1，弹出如图6-13所示的对话框，输入路由器用户名和密码，默认用户名和密码一般为admin（路由器请根据各品牌路由器使用说明书进行操作）。

图6-13　登录路由器管理对话框

3）启用WEP用户接入认证。

打开"无线设置"，单击"无线安全设置"，在打开的"无线安全设置"页面中，选中"WEP"，设置WEP密码，即在密码1中设置密码，如图6-14所示。

注意：WEP是一种比较老的加密协议，现在很多新计算机网卡存在不识别情况，配置时请根据各厂商路由器提示进行操作。

图6-14　设置WEP密码

4）配置DHCP服务器及客户端。

在路由器管理界面，单击左侧"DHCP服务器"，在打开的右侧页面中（见图6-15）选择启用DHCP服务器。配置完成后单击下方"保存"按钮，对配置进行保存。

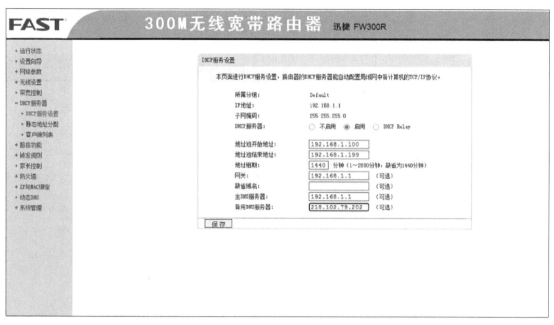

图6-15　启用DHCP服务器

配置完成后单击左侧"系统管理"→"重启路由器"，并在右侧打开的页面中单击"重启路由器"按钮，如图6-16所示。

图6-16　重启路由器

5）无线终端接入。

单击任务栏中的无线网络连接，在SSID中选择需要连接的网络（如1_znxx），右击"属性"命令，如图6-17所示。

图6-17 配置无线接入设备属性

在打开的1_znxx无线网络属性对话框中选择"安全"选项卡，在"安全类型"中选择
"共享式"，在"加密类型"中选择"WEP"，在网络安全密钥中输入之前配置的密钥
"2023202320"并单击"确定"按钮，如图6-18所示。

配置完成后返回无线网络连接，选择SSID为"1_znxx"并双击进行连接，即可成功连接
无线网络，如图6-19所示。

图6-18 配置WEP参数

图6-19 成功连接WEP无线网络

任务小结

WEP加密是较老的一种无线加密方式，采用的是802.11技术，其安全性相对较低。本任务以家庭路由器为例，配置WEP加密，使用户可以掌握最基本的无线网络组网，通过实际操作和调试，加深对WEP配置方法的理解，为日后网络安全管理提供参考。

任务3　配置WPA-PSK/WPA2-PSK用户接入认证

任务目标

- ❍ 理解WPA-PSK/WPA2-PSK加密的基本概念。
- ❍ 掌握WPA-PSK/WPA2-PSK加密的配置及用户接入认证。

任务环境

- ❍ Windows 7操作系统、FAST300路由器、安装有无线网卡的计算机。

任务要求

- ❍ 以家庭路由器为例，构建WPA-PSK/WPA2-PSK加密，并使客户端可以成功接入无线网络，连接后可以通过密码安全访问无线网络。

任务实施

1）家庭网络组建与设备登录。

按图6-20所示，组建好家庭局域网。

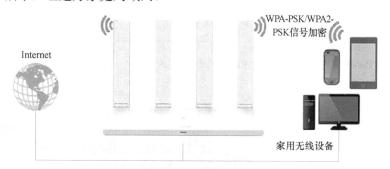

图6-20　家庭局域网

启动浏览器并在地址栏中输入路由器管理地址，一般默认是192.168.1.1，弹出如图6-21所示的对话框，输入路由器用户名和密码，默认用户名和密码一般为admin（路由器设置请根据各品牌路由器使用说明书进行操作）。

2）设置WPA-PSK/WPA2-PSK密码。

打开"无线设置"，单击"无线安全设置"，在打开的"无线安全设置"页面中，选中"WPA-PSK/WPA2-PSK"，在PSK密码中设置密码并保存，如图6-22所示。

图6-21　登录路由器

另外，WPA2-PSK是常用的加密类型，在图6-22中可以在"认证类型"中选择WAP或WAP2，在"加密算法"中选择AES或TKIP。AES安全性比TKIP好，在无线网络传输速率上也要比TKIP更快。

图6-22　设置WPA-PSK/WPA2-PSK密码

3）配置DHCP服务器及客户端。

DHCP配置方法与任务2中DHCP服务器配置方法相同，操作步骤略。

4）终端设备接入。

当配置好WPA-PSK/WPA2-PSK无线网络并重启路由后，安装有无线网卡的终端设备就可以连接无线网络了。

下面以Windows 7系统为例。单击任务栏中的"无线网络连接"，在"选择SSID"中选择"1_znxx"，双击打开"连接到网络"，如图6-23所示。在"安全密钥"中输入所设置的密码"znxx2023"，单击"确定"按钮完成设置，即可成功连接无线网络，如图6-24所示。

图6-23　输入WPA-PSK/WPA2-PSK安全密钥

图6-24　成功连接WEP无线网络

任务小结

WPA-PSK和WPA2-PSK是比WEP更加安全的加密协议，但仍然需要定期更改预共享密钥以确保网络的安全性。本任务以家庭路由器为例，构建WPA-PSK/WPA2-PSK加密，经调试，用户通过密码安全访问无线网络。通过本任务的学习，加深了对WPA-PSK/WPA2-PSK配置方法的理解，为日后网络安全管理提供参考。

拓展阅读

WAPI——中国自研的无线网络安全新标杆

WAPI（WLAN Authentication and Privacy Infrastructure，无线局域网身份认证与隐私基础设施）是我国制定的一项重要无线网络安全标准，旨在确保无线局域网的安全性和认证。该标准由中国国家密码管理局制定，并于2003年正式发布。WAPI标准旨在提供比传统的WEP、WPA等无线安全标准更高水平的安全性和认证，以满足我国特定的无线网络安全需求。WAPI包括无线局域网鉴别基础设施（WLAN Authentication Infrastructure，WAI）和局域网隐私基础设施（LAN Privacy Infrastructure，WPI）两部分，通过对用户身份进行鉴别和对传输的业务数据加密，为无线通信提供了高度安全的解决方案。

WAPI的研发依托于西安电子科技大学的西安西电捷通无线网络通信股份有限公司（简称西电捷通）。WAPI的推出源于原信息产业部在2001年发现美国提出的WiFi标准存在严重安全技术漏洞后下达的任务。2001年11月，西电捷通完成并提交了国家标准草案；随后，我国政府于2003年5月发布国家强制标准GB 15629.11/1102—2003，批准WAPI标准于2003年底实施。自2004年6月1日起，我国境内的无线局域网产品必须采用WAPI标准。这一举措打破了美国及其跨国公司在网络安全技术领域的垄断，改变了原本由美国主导的世界格局。

与传统的WiFi单向加密认证不同，WAPI采用双向加密认证，并利用公钥密码技术确保数据的安全传输。无线客户端和无线接入点上都安装了公钥证书，为数据信息的安全传输提供了多重保障。WAPI的核心功能包括身份识别、密钥协商、报文封装和加密解密，确保只有合法用户才能访问网络，通信双方获得共享的密钥并保障数据在传输过程中的机密性和完整性。

通过双向加密认证和公钥密码技术，WAPI系统有效抵御各种网络攻击，如中间人攻击、数据篡改和信息泄露等。同时，WAPI系统还能根据不同场景灵活应对安全需求，为用户提供个性化的安全保护。

作为我国自主研发的无线网络安全标准，WAPI在保障无线网络安全方面发挥了重要作用。目前，WAPI已广泛应用于政府、军事、金融、教育等领域的无线网络安全防护。同时，随着物联网、云计算等新技术的发展，WAPI在智能家居、智慧城市等领域的应用也日益广泛。未来，随着无线技术的不断发展和应用场景的扩大，WAPI将继续发挥其独特的优势，为我国乃至全球的无线网络安全提供更加全面、高效的解决方案。

课后思考与练习

一、单项选择题

1. 以下（　　）加密协议被WPA3采用。
   A．WEP
   B．WPA-PSK
   C．WPA2-Enterprise
   D．WPA3-Personal

2. 在WLAN中，（　　）设备负责与无线客户端建立连接并提供网络服务。
   A．LAN Switch
   B．Access Point
   C．Router
   D．Modem

3. 下列（　　）技术可以增强WLAN的覆盖范围。
   A．Beamforming
   B．Frequency Hopping
   C．CSMA/CA
   D．OFDM

4. 以下（　　）标准属于IEEE 802.11系列，用于无线局域网通信。
   A．Bluetooth
   B．Ethernet
   C．WiFi
   D．LTE

5. 在WLAN中，（　　）安全性协议提供最高级别的加密和认证。
   A．WEP
   B．WPA
   C．WPA2
   D．WPA3

6. SSID在无线网络中的作用是（　　）。
   A．加密数据传输
   B．标识无线网络名称
   C．控制访问权限
   D．管理 IP 地址分配

7. 在WLAN中，（　　）技术可以减少多个设备同时传输数据时的冲突。
   A．CSMA/CD
   B．TDMA
   C．CDMA
   D．OFDM

8. 以下（　　）频段用于大多数WLAN网络。
   A．2.4GHz
   B．5GHz
   C．3.5GHz
   D．6GHz

二、简答题

1. 解释一下什么是SSID。
2. WEP和WPA是什么？它们在无线网络中有何作用？
3. 简要说明WPA2相对于WPA的改进之处。
4. 为什么在配置无线网络时应该避免使用默认的SSID和密码？
5. 如何提高家庭无线网络的安全性？

模块7 个人网络安全防护

学习目标

- ○ 培养个人网络安全防护意识。
- ○ 了解终端的基本概念、终端存在的安全威胁和相关管理措施。
- ○ 理解隐私保护的安全问题及保护措施。
- ○ 掌握社会工程学攻击方法及防范措施。

在数字化时代，智能终端设备及对应的操作系统已经成为生活和工作中不可或缺的一部分。终端设备包括手机、平板计算机、笔记本计算机和台式计算机等，存储了大量敏感信息，如个人联系人、银行账户、电子邮件和社交媒体账号等。若终端设备感染病毒或被黑客入侵，则信息资产可能被窃取、滥用或销售，将对隐私和财产造成严重损害。

社会工程学是一种利用人际交往技巧来获取信息或操控他人的行为的方法。在网络安全领域，社会工程学攻击已经成为一种非常有效的攻击手段。

本模块将从终端安全防护、隐私保护以及社会工程学等方面深入探讨数字生活的安全防范。

本模块知识思维导图如图7-1所示。

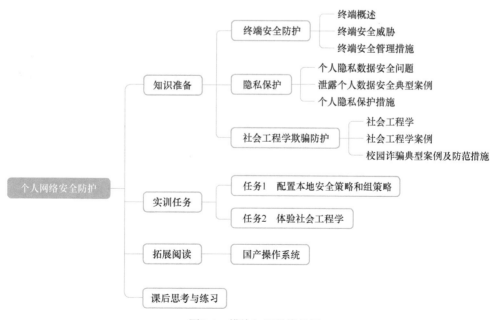

图7-1 模块知识思维导图

知识准备

7.1 终端安全防护

7.1.1 终端概述

终端是一种可以与计算机或其他电子设备进行交互的设备或程序。它是信息传递的重要媒介，能够将用户的指令或请求传递给计算机系统，并将计算机系统的结果或响应传递回用户。终端不仅限于桌面计算机，也包括笔记本计算机、智能手机、平板计算机、摄像头、打印机等设备。终端在不同的行业和领域中也有着不同的概念，在通信行业，终端是在移动通信网络中使用的移动设备，如手机、对讲机等。在金融领域中可以是自动存取款机、自动柜员机、排号机，又或者是各种人机对话的设备等。

终端的发展可以追溯到早期的电报和电话系统中的电报机或电话机，以及中央控制系统。随着计算机技术的快速发展，终端的功能也变得越来越强大。除了基本的输入和输出功能，终端还可以通过连接互联网实现各种在线服务。用户可以通过终端访问网页、发送电子邮件、观看视频、玩游戏等。终端还可以通过安装各种应用程序来扩展其功能，用户可以根据自己的需求选择并下载各种应用程序，如社交媒体应用、办公软件、音乐播放器等。

终端可以从多种角度进行分类，常见的分类方法是按大小、功能和使用方法进行分类。

1. 按大小分类

（1）微型计算机终端

1）台式终端：个人使用的台式计算机、笔记本计算机、一体机等设备。

2）机架式终端：用于公用机房托管的设备，如在各ISP运营商的服务器。

3）车载终端：汽车多媒体设备。用于车辆控制、娱乐、导航等，属于车联网系统。

4）游戏机：专为娱乐而设计的特定计算机，如射击、竞速、角色扮演等。

5）移动终端：是一种可移动小型化的计算机，如笔记本计算机、手机、平板计算机、掌上游戏机、智能手表等。

（2）小型计算机终端

小型计算机终端小巧轻便，便于携带，用户可以随时随地使用终端进行各种计算任务。尽管体积小，但终端通常拥有强大的处理能力和存储能力，如工业智能终端。用户也可以在终端上运行各种应用程序，如办公软件、浏览器、媒体播放器等。

（3）大型计算机终端

大型计算机终端为关键应用提供实时数据处理及大数据处理能力。其特点是具备强大的处理能力，相比于小型计算机终端，大型计算机终端通常具有更高的计算能力和更大的存储空间。大型计算机终端能够实时处理大规模的数据，如股票交易数据、传感器数据、金融业务处理、天气预报、工业控制等。大型计算机终端能够快速地获取、分析和处理这些实时数据，以便及时做出决策。通常还具有高速的数据传输和处理能力，以满足实时性要求。

（4）超级计算机终端

超级计算机终端主要用于大数据的数值计算与分析。超级计算机终端通常配备了大量的处理器和内存资源，配有高速的数据传输通道，能够进行大规模的并行计算，处理复杂的数学模型和算法。

无论是量子力学、天气预报还是流体动力学，超级计算机终端都为科学研究和工程应用提供了强大的计算工具。超级计算机终端处理大量的气象数据，进行复杂的气象模型计算，为气象预报提供准确的预测结果。流体动力学是研究流体运动和相互作用的学科，也需要进行大规模的数值模拟。超级计算机终端可以模拟和分析液体和气体的流动行为，为工程师和科学家研究流体动力学提供依据。

2. 按功能分类

1）服务器终端：专门提供一个或多个服务的计算机，如文件服务器、打印服务器、Web服务器等。

2）工作站终端：为个人用户提供服务的计算机，可以是专门进行图像渲染的超级计算机、3D建模的计算机等。

3）智能家电终端：主要指智能家居产品，如智能空调、智能洗衣机、智能电视机等。

4）嵌入式终端：用于满足特定功能需求的计算机终端，它通常被嵌入其他设备或系统中，以执行特定的任务或控制特定的功能。与普通的计算机终端不同，嵌入式终端的硬件和软件设计都是为特定的应用场景和功能需求而优化的。嵌入式终端可以用于各种领域，如工业控制、智能家居、医疗设备、汽车电子等。它们通常具有小型、低功耗、高可靠性、实时性要求高、易于集成等特点。

3. 按使用方法分类

1）公用终端：公用终端主要是供公共服务使用，多在一些政务工作中，如图书馆查询系统、道路指引系统、电子政务查询系统等。其功能单一，不保存用户数据。

2）个人计算机终端：个人计算机终端通常是指个人计算机，可以使用该设备的所有软、硬件资源，维护个人计算机终端上的所有数据。

3）共享终端：共享终端是供不同的使用者在不同时间登录使用的计算机终端。是多台计算机或同一计算机中的多个用户，同时使用硬件和软件资源，在网络系统中终端用户可以共享的主要资源包括处理机时间共享空间，各种软设备和数据资源等。

4）展示终端：展示终端是用于在商店、会议或服务机构中展示多媒体内容的终端，如博物馆、科技馆、企业展示及各种大型展览现场的展示终端设备。

4. 终端的发展趋势及安全性

随着终端设备的不断增多和多样化，软件和系统的兼容性也成为一个重要的问题。不同的终端设备可能使用不同的操作系统和应用程序，这就需要开发者不断优化和适配软件，以确保在不同终端上的稳定运行和良好用户体验。此外，终端的安全性也是一个需要关注的问题。随着终端设备的普及和使用频率的增加，黑客和恶意软件的威胁也日益严重，保护终端设备和用户数据的安全变得尤为重要。

随着时代的发展，终端的概念不断演进和发展，它正在以前所未有的速度改变着人们的生活和工作方式。从个人用户到企业用户，终端已经成为人们日常生活和工作中不可或缺的一部分。它不仅是一个简单的交互工具，更是一个连接世界的窗口。随着技术的不断进步，终端将继续发展和创新，为人们带来更多便利和可能性。无论是在家中、办公室还是旅途中，终端都将成为人们与数字世界互动的重要纽带。当然，在终端带来生活便利的同时，不应该忽视现代终端所带来的弊端，有些心怀不轨之人利用各类终端获取敏感信息进行犯罪，小到侵犯个人隐私，大到危害社会安全、国家安全。所以学习和了解终端的安全就显得十分重要。

7.1.2　终端安全威胁

随着互联网的普及和技术的不断进步，终端设备如手机、笔记本计算机和平板计算机等扮演着越来越重要的角色。在数字化时代，终端安全面临着诸多问题，且日益复杂，终端成为黑客和恶意软件攻击的目标，给用户的个人信息和隐私带来了巨大的风险。

终端安全威胁的形式是多种多样的，包括环境方面的安全威胁、运行安全威胁、存储介质的安全威胁、网络安全威胁和操作系统安全威胁。

1. 环境方面的安全威胁

（1）物理环境安全威胁

物理环境安全威胁可能导致终端设备的丢失、损坏或无法正常工作，从而对终端数据的安全性造成威胁。如被盗窃、损坏以及自然灾害事件的影响，例如火灾、水灾、地震、洪涝、泥石流、海啸等。

（2）操作环境安全威胁

终端设备可能受到恶意软件、恶意代码或未经授权的访问等威胁。这些威胁可能导致终端设备被攻击者远程控制、数据被窃取或篡改，从而对终端的安全性和机密性造成威胁。

2. 运行安全威胁

终端运行中的安全威胁，不仅来自于终端所处的环境以及组成终端的软件漏洞、硬件故障和使用寿命等，还与操作者的技术等人为因素有关。

终端运行环境中的安全威胁的人为因素主要有以下几个方面：

1）安全管理缺失：没有有效的安全管理制度、措施、策略和应急响应方案等。

2）人员技术参差不齐：员工可能缺乏必要的技能或知识，操作失误等。

3）违法犯罪行为：包括盗窃、欺诈、滥用职权或其他形式的不道德或非法行为。

为了解决这些问题，可以采取一些措施，例如加强安全培训、提高员工的技术能力、实施更严格的监督和管理策略、加强对法律和道德行为的教育和培训等，以减少人为因素造成的安全威胁。

3. 存储介质的安全威胁

磁盘和移动存储介质上的数据可能被意外删除、损坏或者被未经授权的人员访问等，导致终端设备中的敏感数据泄露。此外，磁盘和移动存储介质的丢失或被盗也会对数据安全性造成威胁，因为这些介质上的数据可能会被他人获取并被用于非法目的。

4. 网络安全威胁

网络方面的安全威胁包括网络攻击、黑客入侵、数据泄露和网络钓鱼等。攻击者可以利用网络漏洞或弱密码等方式入侵终端设备。黑客入侵可能导致终端设备被远程控制、数据被窃取或篡改。网络钓鱼是指攻击者通过伪造合法网站或电子邮件等方式欺骗用户提供个人信息或敏感数据，从而对用户和组织的安全造成威胁。

5. 操作系统安全威胁

操作系统和应用程序可能存在漏洞，黑客可以利用这些漏洞来入侵终端设备。此外，操作系统和应用程序的配置不当也可能导致终端设备的安全性降低。例如，弱密码、未及时更新的安全补丁以及未经授权的软件安装等都会增加终端设备被攻击的风险。系统方面的安全威胁还包括访问控制和身份认证的问题。如果终端设备的访问控制和身份认证机制不健全，攻击者可能获得未经授权的访问权限，从而对终端设备和其中的数据造成威胁。

7.1.3　终端安全管理措施

终端安全管理措施是指用户在各种终端使用过程中，为了保护终端设备和数据免受恶意攻击和非法访问，采取的一系列措施和策略。

保护终端设备和其中数据的安全措施包括物理安全措施、操作系统和应用程序的安全配置、网络安全措施以及访问控制和身份认证的措施。下面介绍一些常见的措施和策略。

1）使用强密码。选择一个足够复杂且不易猜测的密码可以有效地防止他人破解终端设备。此外，定期更换密码也是一种良好的习惯，可以防止密码泄露后被滥用。

2）定期的终端设备系统更新。终端设备的操作系统和软件程序往往会出现安全漏洞，黑客可以利用这些漏洞进行攻击。因此，及时安装操作系统和软件程序的安全更新补丁，可以有效地修复这些漏洞，并提升终端设备的安全性。

3）安装防病毒软件。恶意软件和病毒是导致终端设备感染和数据损坏的主要原因之一。因此，安装并及时更新防病毒软件，可以有效地防止恶意软件和病毒的侵入。

4）合理设置访问控制权限。通过限制用户对终端设备和敏感数据的访问权限，可以防止未经授权的人员访问和篡改数据。同时，建立详细的访问日志，有助于及时发现和追踪非法访问行为。

5）定期的安全审计和漏洞扫描。通过检测和修复终端设备中可能存在的安全漏洞，可以提高终端设备的安全性和稳定性。

6）制定完善的管理制度。虽然技术因素在计算机安全防护中所占比例越来越大，但是人为管理因素的影响仍不可忽视，所以在基于计算机的技术防护之外，还需要建立起完整的管理制度。终端管理制度主要包括：人员管理制度、计算机及信息使用制度、密码策略管理制度、资产使用管理制度、移动设备使用管理制度、人员奖惩制度、进入核心区域管理制度等。

7.2　隐私保护

个人隐私数据安全是指个人的各种敏感信息在存储、传输和处理过程中受到有效保护，不被未经允许的个人或组织获取、使用或泄露的状态。随着信息技术的快速发展，个人隐私数据安全问题变得日益重要。这些数据可能包括但不限于个人身份信息、财务信息、健康记录、通信内容、财产状况、行踪轨迹等，泄露或滥用这些数据可能导致个人权益受损、金钱财产损失甚至身心健康受到威胁。

日常生活中，除以上内容外，个人隐私信息还包括社会活动及其他可以识别个人的信息，如通话记录、网上购物记录、网站浏览痕迹、IP地址等网上活动。

7.2.1 个人隐私数据安全问题

在互联网时代，大数据无时无刻不在收集个人信息，个人信息安全面临着较大的威胁。从某漏洞响应平台上收录的数据显示，目前该平台已知漏洞就可导致23.6亿条隐私信息泄露，包括个人隐私信息、账号密码、银行卡信息、商业机密信息等。导致大量数据泄露的最主要来源是：互联网网站、游戏以及录入了大量身份信息的政府系统。个人隐私数据安全面临着诸多挑战和问题，主要包括以下几个方面：

1）数据泄露：个人隐私数据可能因为黑客攻击、内部人员泄露等原因而暴露，导致个人信息被非法获取和利用。

2）第三方数据收集：许多互联网公司、应用程序和服务商会收集用户的个人数据，有时候甚至超出了用户的意愿范围，这可能导致个人隐私数据被滥用，比如广告定向、个人画像分析等，从而侵犯个人隐私。

3）社交媒体隐私保护不足：多数情况下，个人并不清楚自己的数据被如何收集、使用和分享，也缺乏对自己数据的有效控制权。许多社交网络和应用程序会收集用户大量的个人数据，甚至包括位置信息、通讯录、聊天记录和个人发布的信息等，可能被不法分子或者其他用户滥用，造成个人隐私泄露。

4）监控和追踪：现代科技使得个人行为、位置、通信等信息更容易被监控和追踪，个人隐私空间受到侵犯的可能性增加。

5）跨境数据流动：随着互联网的发展，个人数据可能会跨越国界流动，不同国家的数据保护法律标准不一，个人隐私数据可能在跨境传输过程中受到侵犯。

6）应用程序和服务的安全漏洞：有些第三方应用可能通过安全漏洞收集用户信息。例如，2018年Facebook发生的一次数据泄露事件，就是因为一家第三方公司通过一个应用程序非法收集了大约5 000万Facebook用户的个人信息。

7）黑客攻击：黑客可能利用各种手段获取用户的个人信息，例如，通过网络钓鱼、恶意软件等方式进行攻击。

8）公共网络和WiFi的风险：在使用公共网络或WiFi时，用户的个人信息可能会被他人窃取。特别是一些平台展示的APP隐私政策条款，还存在协议条文过长的问题，让用户忽略了其中涉及的重点信息。

针对这些问题，需要采取相应的技术手段和制度安排来保护个人隐私数据安全，比如加密技术、隐私政策规范、数据安全管理制度等。同时，个人也可以加强自我保护意识，谨慎对待个人隐私数据的分享和使用，以及选择可信赖的服务提供商来保护自己的隐私数据安全。

7.2.2 泄露个人数据安全典型案例

数据安全是大数据时代的生命线，近年来，企业数据、个人数据遭泄露而发生的安全案件层出不穷，也敲响了数据安全保护的警钟。

1. 江苏淮安侦破陈某某等人侵犯公民个人信息案

2016年2月，江苏省淮安市公安机关网安部门发现，有人利用互联网大肆倒卖车主、车牌号、车辆类型等公民个人信息。经缜密侦查，淮安公安机关抓获犯罪嫌疑人陈某某，当场查获公民信息1 500余万条。根据陈某某供述，抓获其下线何某和上线网站管理员蒋某等7人。经查，蒋某于2015年5月开办网站论坛，将其多年搜集和购买的公民个人信息发到论坛分享，吸引全国各地人员注册会员充值购买公民信息，牟利11万余元。自2015年以来，陈某某非法售卖、提供公民个人信息1 177万余条，牟利3 000余元。其下线何某从陈某某处非法购买公民个人信息100余万条，从蒋某开办的网站购买各类公民信息500余万条，用于推销产品，并在网络上贩卖。

2. 重庆巴南侦破李某等人侵犯公民个人信息案

2016年1月，重庆市公安局巴南区分局网安支队民警在工作中发现网民"楼盘、资料员"在网上大肆贩卖公民个人信息，涉及信息量巨大。巴南分局抽调多警种组成联合专案组，全力展开专案侦查工作。经缜密侦查，专案组成功抓获犯罪嫌疑人李某，查获了李某存储的海量公民个人信息数据，数据类型包括中小学生及家长信息、重庆各大楼盘业主信息、各省车主信息、银行客户信息等，信息存储量达61.9GB。为深入追查信息源头，彻底打掉涉案利益链条，专案组通过细致分析查证，锁定了涉案团伙人员。

3. 安徽合肥侦破黄某等人非法获取公民个人信息案

2016年2月，安徽省合肥市公安局网安支队通过工作发现本地网民黄某涉嫌倒卖公民个人信息，数量巨大，涉及全国多地工商、银行卡、车主等公民个人信息。合肥公安机关立即抽调精干力量，成立专案组开展侦查工作。经缜密侦查，专案组抓获犯罪嫌疑人黄某、杨某、刘某某。经查，三名犯罪嫌疑人专门注册了多个网络账号，在网络上购买大批量的个人数据，转而以更高的价格在网络上转卖给其他人员。经审查，黄某、杨某、刘某某团伙通过贩卖公民个人信息非法获利近130万元，涉及公民个人信息数据约5 000万条。

4. 上海侦破吴某、刘某某等人非法获取公民个人信息案

2016年4月，驻沪某快递公司到上海市公安局网安总队报案称，其下属位于广州市的几处快递网点，自3月起被人使用公司内部账号查询客户信息，获取公民个人信息达25 000余条。上海公安机关接报后立即成立专案组立案侦查。经缜密侦查，专案组在广东省广州市抓获犯罪嫌疑人刘某某、吴某、陈某某、林某等4人。经查，吴某从林某处购买过该快递公司的内部系统员工账号，下载大量个人信息出售牟利。后吴某通过陈某某认识该快递公司广州网点工作人员刘某某，吴某使用刘某某提供的该公司账号，获取公民个人信息2 800条，以每条2元的价格出售，共获利5 600元。

7.2.3 个人隐私保护措施

互联网时代的到来，给人们的生活带来了极大的方便，但也给保护个人隐私信息带来巨大的挑战，如果不采取有效措施，个人信息很容易被收集、泄露、倒卖、营销。因此，在日常的个人隐私保护方面应该注意以下几点：

1）遵循合法性原则：处理个人信息的行为应当满足法律法规规定。例如，《中华人民共和国个人信息保护法》规定了个人信息的收集、使用、存储、传输等方面的具体要求。

2）了解隐私政策，提高安全意识：在使用任何在线服务或应用程序之前，仔细阅读其隐私政策，了解个人数据如何被收集、使用和分享。不断学习有关网络安全和隐私保护的最新知识，提高对潜在风险的认识。保护个人隐私不仅是依靠技术手段，也需要提高自我保护意识，养成良好的行为习惯。

3）强密码和多因素认证：使用强密码，并启用多因素认证以提高账户安全性。

4）选择可信赖的平台和服务：在使用互联网服务时，应选择那些有良好声誉和严格隐私政策的网站和应用。例如，用VPN（虚拟专用网络）来加密网络流量，保护上网隐私；用隐私保护浏览器插件来阻止追踪行为等。

5）关注隐私设置：定期审查社交媒体和在线服务的隐私设置，并根据自己的需求和偏好进行调整。

6）定期检查账户安全：定期检查账户活动，及时发现异常情况。

7）谨慎处理邮件和电话：警惕钓鱼邮件和诈骗电话，避免泄露个人信息或点击可疑链接。

8）数据备份和安全删除：定期备份重要数据，并在处理不需要的数据时，确保安全删除而不是简单删除。

9）更新和保护设备：定期更新操作系统和应用程序，安装安全补丁，使用防病毒软件和防火墙来保护设备免受恶意软件攻击。

7.3 社会工程学欺骗防护

随着网络的发展，社会工程学走向多元化，如网络钓鱼攻击、密码学以及社会工程学等。

7.3.1 社会工程学

社会工程学是一种通过对受害者心理弱点、本能反应、好奇心、信任、贪婪等心理陷阱进行诸如欺骗、伤害等的危害手段。这些心理弱点是很难完全消除的，因此防范措施需要更多地关注人的教育和意识提升，以增强人们对社会工程学攻击的警惕性。社会工程学是黑客米特尼克在《欺骗的艺术》中率先提出的，其初始目的是为了让全球的网民们能够懂得网络安全，提高警惕，防止不必要的个人损失。

在信息安全链条中，人的因素是最薄弱的一个环节。社会工程学就是利用人的薄弱点，通过欺骗手段而入侵计算机系统的一种攻击方法。社会工程学的核心是人，抓住人性的弱点，设下骗局，诱导受害者落入圈套。有的信息是受害人自己主动泄露的，比如在社交平台上公开的个人信息；有的则是被人恶意售卖的，比如诈骗者从电话公司、房地产公司购买到的个人信息；还有的方式非常隐蔽，不是直接从受害人本人那里获取信息，而是从与其相关的亲戚朋友那里间接获得的。通过收集到的信息能够画出近乎完整的潜在欺骗对象"画像"。

社会工程学通常以交谈、欺骗、假冒或口语等方式，从合法用户中套取用户系统的秘密。很多表面上看起来没有用的信息都会被这些人利用起来进行渗透。比如说一个电话号码、一个人的名字或者工作的ID，都可能会被社会工程师所利用。对于黑客来说，通过一个用户名、一串数字、一串英文代码，就能把受害人所有个人情况信息、家庭状况、兴趣爱好、婚姻状况等个人信息全部掌握。

1. 社会工程学常用手段

（1）环境渗透

对特定的环境进行渗透是社会工程学为了获得所需的情报或敏感信息经常采用的手段之一。社会工程学攻击者通过观察目标对电子邮件的响应速度、重视程度以及可能提供的相关资料，比如一个人的姓名、生日、电话号码、管理员的IP地址、邮箱等，通过这些收集信息来判断目标的网络构架或系统密码的大致内容，从而获取情报。

（2）诱骗

网上冲浪经常碰到中奖、免费赠送等内容的邮件或网页，诱惑用户进入该页面运行下载程序，或要求填写账户和密码以便"验证"身份，利用人们疏于防范的心理引诱用户。

（3）伪装

流行的网络钓鱼事件以及更早以前的求职信病毒、节日贺卡等，都是利用电子邮件和伪造的Web站点来进行诈骗活动。有调查显示，在所有接触诈骗信息的用户中，有高达5%的人都会对这些骗局做出响应。

（4）说服

说服是对信息安全危害较大的一种社会工程学攻击方法，它要求目标内部人员与攻击者达成某种一致，为攻击提供各种便利条件。个人的说服力是一种使某人配合或顺从攻击者意图的有力手段，特别地，当目标的利益与攻击者的利益没有冲突，甚至与攻击者的利益一致时，这种手段就会非常有效。

（5）恐吓

利用人们对安全、漏洞、病毒、木马、黑客等内容的敏感性，以权威机构的身份出现，散布安全警告、系统风险之类的信息，使用危言耸听的伎俩恐吓欺骗计算机用户。

（6）恭维

高明的黑客精通心理学、人际关系学、行为学等社会工程学方面的知识与技能，善于利用人类的本能反应、好奇心、盲目信任、贪婪等人性弱点设置陷阱，实施欺骗，控制他人意志为己服务。他们通常十分友善，很讲究说话的艺术，知道如何借助机会均等去迎合人，投其所好，使多数人会友善地做出回应，乐意与他们继续合作。

（7）反向社会工程学

反向社会工程学是指攻击者通过技术或者非技术的手段给公司网络或者计算机应用制造"问题"，使其员工深信，诱使工作人员或网络管理人员透露或者泄露攻击者需要获取的信息。这种方法比较隐蔽，很难发现，危害特别大，不容易防范。

2. 社会工程学攻击形式

一些常见的社会工程学攻击形式包括：

1）钓鱼攻击：发送虚假的电子邮件或信息，冒充合法的实体，诱使受害者点击恶意链接或提供个人敏感信息。

2）电话诈骗：通过电话冒充合法机构或个人，骗取受害者的个人信息、财务信息或密码。

3）身份欺诈：利用他人身份信息进行欺骗活动，可能包括冒充他人身份进行交易或获取金钱。

4）垃圾邮件：发送虚假的广告或诈骗信息，诱使受害者点击恶意链接或泄露个人信息。

5）假冒身份：伪装成合法用户，获取对系统或信息的访问权限。

要防范社会工程学攻击，需要保持警惕，谨慎对待未知来源的信息，并且不轻易提供个人敏感信息。同时，加强信息安全意识培训，建立安全的组织文化也是非常重要的。

3. 社会工程学攻击防范措施

1）增强信息安全意识：时刻保持警惕，不轻易相信陌生人的话，尤其是那些请求敏感信息或进行不寻常操作的请求。例如，电子邮件、短信或电话都可能被伪造，所以应对这些信息请求保持高度警惕。当心来路不明的电子邮件、短信以及电话。在提供任何个人信息之前请设法向其确认身份，验证可靠性和权威性。不要点击来自未知发送者的电子邮件中的嵌入链接，不要在未知发送者的电子邮件中下载附件。

2）强化密码管理：为不同的账户设置不同的复杂密码，并定期更换密码。对于关键账户，建议使用双重身份验证，这样即使有密码也不足以访问该账户。

3）保护个人信息：不要随意透露个人敏感信息，如身份证号、银行账户等。如果必须提供某些信息，确保已知晓这些信息最终将如何使用。

4）更新系统，安装补丁，修复漏洞。及时了解软件供应商发布的补丁，同时尽可能快地安装补丁版本。

5）安全设置权限：在社交网络上设置好隐私权限，避免通用密码，限制信息的公开范围。关注网站的URL，恶意网站可以看起来和合法网站一样，但是它的URL地址可能使用了修改过的拼写或域名（例如，将.com变为.net）。

6）学习识别钓鱼邮件和欺诈电话：所谓钓鱼邮件，即一封看似"正式"的"邮件"为"钩"，以"某管理机构"的身份、"正式的语气"为饵，通过高度迷惑性的语言和链接，让接收者在跳转页面上输入他们需要的内容，从而"钓"走重要信息。

7.3.2 社会工程学案例

1. 教育型网络钓鱼

这种网络钓鱼的目标是利用人们的好奇心、贪婪、快乐或适当的恐慌情绪来诱导人们点击。为进一步提升师生网络安全意识，保护个人信息安全，多所高校组织了钓鱼邮件网络安全演练，结果显示部分高校有相当比例的师生"中招"。

案例：中秋节免费月饼领取

2022年9月7日，中国科学技术大学针对全校师生群发了4万多封（其中学生3.8万多封，教工6000多封）"免费月饼领取"邮件，进行全校首次钓鱼邮件演练。有不少同学中招，如实填写了个人信息；也有人防范意识比较高，提交了虚假信息；甚至还有人对钓鱼网站进行了DDoS攻击，一度让钓鱼网站"瘫痪"了。截至9月8日上午，共有3500多人（其中学生3100余人，教工400余人）在伪造的统一身份认证界面提交了信息。校方介绍，其中人数最多的是本科一年级新生。他们相关网络安全知识比较欠缺，下一步会着重对他们进行网络安全培训。

为了避免钓鱼邮件演练变成"狼来了"，校方还主动在本次钓鱼邮件演练中留下了几个常见的钓鱼"漏洞"，比如仿冒的发件人地址"vstc.edu.cn"、不存在的部门"中科大邮箱管理中心"、错误的联系电话等。

2. 鱼叉式网络钓鱼

这是一种更具针对性的电子邮件网络钓鱼方法，目标主要为特定个人和组织。利用开源情报（OSINT），犯罪分子可以收集公开的信息，并针对整个企业或子部门构造定制化的主题和内容的邮件、短信等（钓鱼邮件、短信的主题、内容及文档标题均能与目标当前所关心的热点事件、工作事项或个人事务等相匹配），降低目标的防范心理，欺骗用户，让他们相信邮件是内部通信或来自一个值得信任的来源，诱骗下载附件中带有病毒代码或者漏洞利用的伪装性攻击文档，实现精准、高效的载荷投递。常见有以下几种欺骗方式：

1）不寻常的请求：如果请求来自公司内部，要求获得高出其级别的权限，请直接通过另一种沟通渠道联系该人确认。

2）到共享驱动器的链接：该链接很可能已经损坏，可能会重定向到一个假网站。

3）未经请求的电子邮件：如果电子邮件在未经请求的情况下提供了一个"重要文件"供下载和查看，那么它可能是一个虚假的电子邮件。

4）具体提及个人信息：骗子可能会试图通过提供关于目标对象的其他非必要信息，来证明自己是一个值得信赖的信息来源。

例如，诈骗人员在社交软件看到某人发布了与度假有关的大量照片等信息，即可利用这条信息来伪装。以他曾住过的酒店的名义向他发送了一封钓鱼测试邮件，并在邮件中附上一个收集信息的链接，内容如下：

×××先生：

×月×日至×日，您曾入住我们的酒店。经检查，我们的清洁工发现了一件可能属于您的物品。您能否查看附件中的图片，并告知我们这件物品是否属于您？如果这件物品是您的，请访问以下链接，填写表格，以便我们将其邮递给您。

谨上酒店员工

为防止鱼叉式网络钓鱼攻击，首先要提高网络安全意识。在收到邮件时，务必审核真伪，验证发件人身份，并确保邮件来源合法可靠。若发现电子邮件存在被篡改的风险，建议采用直接通信方式确认信息的真实性。此外，在处理邮件、短信等信息时，不要轻易点击其中包含的链接或图片链接，同时下载附件前务必进行病毒查杀。

对于那些明显试图获取信任的行为，应保持警惕并保持怀疑态度。另外，在各种平台和朋友圈中，避免随意公开个人信息或包含敏感信息的照片。这些措施可以帮助减少遭受鱼叉式网络钓鱼攻击的风险，保护个人和组织的网络安全。

3. 电信诈骗

电信诈骗的英文单词vishing由voice（声音）和phishing（钓鱼攻击）组合而成，即通过电话或短信等电信技术进行钓鱼式攻击。

为了测试大学生防诈骗的能力，各高校也采取了积极行动。例如，2023年9月17日，华中师范大学保卫处与当地警方合作，进行了这场针对大学生的钓鱼行动。为了测试大学生防诈骗的能力，警方采用了大规模短信群发的方式，民警向大学生发送3.4万条定制诈骗短信。民警根据近期发生的电信网络诈骗案例，设计了一条针对大学生群体的定制诈骗短信。短信内容如下：

【教务处】尊敬的同学：根据国家教育部关于2023年秋季学期高校学费减免政策的通知，请您于9月18日前点击链接填写相关信息，以便享受本次政策优惠。如有疑问，请联系教务处电话027-67891234。

短信群发后，陆续有学生上钩。经过统计分析，民警发现，在收到短信后，共有321名学生点击了链接，并填写提交了自己的详细信息。这些信息包括姓名、性别、年龄、专业、班级、学号、身份证号、银行卡号等。如果这些信息落入了真正的诈骗分子手中，那么这些学生就会面临财产损失、身份盗用、个人隐私泄露等严重后果。

很多学生对于未知短信的防范意识不足，对于点击链接、提交个人信息的风险没有足够的认识。这也暴露了大学生在网络社交和信息获取中的安全意识与防护能力的不足。相关部门表示将进一步加强大学生的网络安全教育，提高他们的防骗能力。警方也将增加打击网络犯罪的力度，加大对网络诈骗的处罚力度，以提高大学生的安全意识和对网络诈骗的警惕性。

7.3.3 校园诈骗典型案例及防范措施

1. 校园诈骗典型案例分析

（1）涉嫌帮助信息网络犯罪活动

电信网络诈骗犯罪中，手机卡和银行卡（以下简称"两卡"），一个用在前端起"信息链"作用，一个在后端起"资金链"作用，犯罪分子想方设法获取两卡用作犯罪工具。诈骗团伙为逃避警方打击，一般会通过租赁、购买由他人实名注册的两卡进行身份伪装。

案例：2023年5月以来，兰州市皋兰县公安局破获多起电信网络诈骗案件，涉案嫌疑人竟是年龄在15~18岁之间的大中专院校学生。他们通过买卖电话卡、银行卡，为境外诈骗团伙提供帮助或直接帮助诈骗团伙拨打诈骗电话。

民警迅速展开侦查工作，其中一个号码引起了注意。经过调查，民警发现涉案手机号的注册人一直生活在老家，没有涉嫌诈骗的疑点，实际使用人为其儿子。经查，确定杨某（男，17岁）、唐某（女，16岁）、乔某（女，17岁）具有重大作案嫌疑。随后，警方依法对3人进行传唤。经讯问，杨某等3人对其为了获取非法利益，在诈骗团伙指挥下，为他人实施诈骗犯罪活动拨打诈骗电话30余次，致使皋兰辖区被害人王某被电信网络诈骗3万余元的犯罪事实供认不讳。随着调查的深入，民警确定了嫌疑人并扩线关联出其余9名涉案人员，并迅速将其全部抓获。为尽快挽回受害人的损失，民警多次对涉案犯罪嫌疑人及其家属开展法律解读、案例教育。最终，犯罪嫌疑人家属配合退还了受害人被骗全部资金。依据《中华人民共和国反电信网络诈骗法》，警方对上述涉案人员分别予以处罚。

防骗提示：无本投资+身份证+银行卡+短信=诈骗。在利益诱惑面前，有的学生从办卡、卖卡，发展到组织收卡、贩卡，成为潜伏在校园中的"卡商"，变成诈骗集团的"帮凶"。在校学生要妥善保管自己的身份证、银行卡、手机卡等，切莫贪图小利，出租、出借、出售自己名下的银行卡、手机卡及其他支付账户。

买卖、租借银行账户、电话卡已经违反我国相关法律法规，将会被依法惩处，切勿因小利误入歧途。《中华人民共和国刑法》规定："明知他人利用信息网络实施犯罪，为其犯罪提供互联网接入、服务器托管、网络存储、通讯传输等技术支持，或提供广告推广、支付结算等帮助，情节严重的，处三年以下有期徒刑或拘役，并处或单处罚金"。

警方提醒广大学生，任何时候不要麻痹大意，不要随意把自己的手机卡、银行卡提供给犯罪分子使用，更不要为了一时利益而毁了自己的前程。直接利用两卡参与违法犯罪活动，面临的将是法律的严惩。呼吁广大家庭和学校作为未成年人的主要教育主体，重视并承担起相应责任，通过教育和引导，提高未成年人识别和抵御犯罪的能力，使其不成为电信网络诈骗的实施者及受害者。

（2）冒充客服、交易类诈骗

诈骗分子冒充电商平台或物流快递企业客服，谎称受害人网购的商品出现质量问题或售卖的商品因违规被下架，以"理赔退款"或"重新激活店铺"需要缴费为由，诱导受害人提供银行卡和手机验证码等信息，并通过屏幕共享或要求下载指定APP等方式，指导受害人转账汇款。受骗人群多为经常在电商平台网购的消费者或电商平台的店铺经营者。

学生中买卖游戏账号、装备的诈骗特别多，骗子引导受害者在虚假游戏交易平台进行注册，通过假的资金入账截图让受害者误以为交易成功，然后以账号提现失败、交纳保证金、账号被冻结等各种理由，要求受害人反复转账，达成目的后立即拉黑屏蔽。

案例： 某同学把游戏账号挂在某APP出售，接着有一个买家联系他，对方让他在另外一个平台将账户出售给对方，接着就给他发送了一个QQ号，于是该同学就添加了对方的QQ。他添加了之后，对方就拉他进入了一个QQ群，他加入群之后，对方就让他搜索一个交易APP并注册账号。接着他就按照对方的指示将他要出售的账号上架在该APP，然后对方就购买了他的账号。该同学想把对方购买他账号的钱提现出来，但是发现提现不了，于是就询问对方，对方就说他的账户被冻结了，不能提现，需要将钱转账到另外一个账户上面进行解冻才可以提现。于是该同学向对方转账了500元，转账成功后对方说他操作失误，需要再次转账才可以全部提现。该同学多次转账后联系不上对方，方知已受骗。

防骗提示：规则变化+保证金+非平台交易=诈骗。 养成良好的网购习惯，去正规的平台，可以参考商家信誉记录、销量、评论等，不要因商家说几句省手续费、怕平台检验不过关等借口，而离开安全的平台交易。若发现被骗，应及时止损，不要有侥幸心理继续被骗。网上交易时，不要被精美的低价宣传视频、画面吸引，因为我们无法核实对方真假，账号、卡号都不一定是他本人的，一旦转账给对方，钱就没法要回，给自己造成损失。

（3）兼职刷单、兼职类诈骗

进入大学，课余时间相对灵活，不少学生萌生了兼职的想法，操作简单、赚钱较快的刷单"职业"成了理想的选择。诈骗分子抓住这个时机，通过微信、QQ群或短信等途径发布虚假信息，诱使大学生参与到刷单中。在各类电信网络诈骗案件中，刷单诈骗案件发案数居于首位，特别是大学生等年轻人群体成为此类案件的高危群体。因为此"工作"相对轻松，成本低，不受地域限制，足不出户便能获得高额回报，因此吸引了大批学生。

案例： 某学院大学生张某在学院QQ群内看到一则刷单返利广告："××官方商城为提升业绩，急需一批网络刷客"，张某发现这种兼职赚钱快，操作简单，便根据群内的广告加了一个QQ好友，"好友"教张某如何进行刷单，然后发送了一个支付宝账号，张某便按照要求向此账户转账刷单。刷了第一次之后，对方告诉张某第一单要连刷5笔，张某按照要求转账后，对方又要求连刷两次5笔才能把之前刷单的钱返还。张某便又刷了5笔钱，但对方又称转账金额较大需要系统认证，需要张某转款7 200元认证，而后又多次以转账金额较大认证失败要求张某分别转款7 200元、8 400元、8 400元再次验证。就这样，张某先后刷单17次，总计刷单47 400元。张某发现对方一直要钱，却一分钱没有返还给自己，这时才意识到自己被骗了。

防骗提示：做任务+小额返利+加大投入=诈骗。 千万不要从事任何形式的刷单、刷信誉等"工作"，因为很有可能被骗，而且刷单本身就是一种欺骗手段，《中华人民共和国反不正当竞争法》已明确规定，刷单行为是违法行为。我们应当诚实守信，自觉抵制刷单行为。

家庭、学校等应加大反诈宣传力度，但更需要青少年们自己提高认识，切莫因为贪图小便宜而参与诈骗。不仅如此，还可以发挥大学生群防群治力量作用，引导学生将"自我管理、自我服务、自我教育、自我监督"意识融入高校平安管理。

（4）虚假投资理财

案例：2022年12月，某中学教师郑某的朋友李某称其了解比特币交易内幕消息，可以投资赚钱。郑某通过李某发送的网址在平台购买比特币进行投资。在首次充值300元成功提现534元的情况下，郑某对李某所说之事深信不疑，在李某的指导下购买货币，金额越来越大，直至无法提现，郑某尝试联系李某发现已被拉黑。郑某先后15次转账，累计损失130.71万元。

防骗提示：借贷+炒股+充值+投资=诈骗。不要轻信对方口中的"投资"，切莫被对方"日进斗金"的说法所迷惑，天上不会掉馅饼，眼见不一定为实。虚假APP中你赚的不是钱而是数字，你转账给对方的"真金白银"早就到了骗子的银行账号上，也没有那么容易赚钱的项目。

（5）婚恋、交友类诈骗

诈骗分子通过网络收集大量"白富美""高富帅"自拍、生活照，按照剧本打造不同的身份形象，然后在婚恋、交友网站发布个人信息。诈骗分子通过社交软件与受害人建立联系后，用照片和预先设计的虚假身份骗取受害人信任，并长期经营与受害人建立的恋爱关系。随后，诈骗分子以遭遇变故急需用钱、帮助项目资金周转等为由向受害人索要钱财，并根据受害人财力情况不断变换理由要求其转账，直至受害人发觉被骗。

案例：张先生在某社交平台上刷视频时，被一位女网友吸引，发现该网友的定位与自身匹配，张先生便试着与其取得了联系。对方称自己正在寻找一份新的工作，存款也快花完了，只能天天靠吃泡面生活。张先生便向她陆续转账应急，并答应为她在本地找工作。随后对方不断遇到各种各样的麻烦，张先生一次次"仗义出手相助"，可最终没有等来"她"，却遭到被拉黑删除好友。先后转账、发红包40余次，共计被骗14万的张先生这时才如梦初醒，遂报案。

防骗提示：网恋交友+高额付费+做任务+加大投入=诈骗。网上交友须谨慎，交友软件慎重使用，非正规的网站基本都是假资料，即使是大型正规网站，也必须核实对方信息。别人发的链接不要轻易打开或者下载；不要轻信任何APP的网上交友；后续加好友、做任务、修复数据等不可相信。

2. 谨防校园诈骗

预防网络诈骗重在防范，只有切实提高识骗防骗能力，才能避免掉入诈骗陷阱。防范校园诈骗要树立正确的金融观和消费观，要量力而行，理性消费，要珍视个人征信，要主动学习金融知识，提高防范意识，要谨慎选择借贷服务机构，要注意维护自身的合法权益。

（1）提高防范意识，学会自我保护

社会环境千变万化，青年大学生必须尽快适应环境，学会保护自我。要积极参加学校组织的法制和安全防范教育活动，多知道、多了解、多掌握一些防范知识。在日常生活中要做到不贪图便宜、不谋取私利；在提倡助人为乐、奉献爱心的同时，要提高警惕性，不能轻信花言巧语；不要把自己的家庭地址等情况随便告诉陌生人，以免上当受骗；不能用不正当的手段谋求择业和出国；发现可疑人员要及时报告，上当受骗后要及时报案、大胆揭发，使犯罪分子受到应有的法律制裁。

（2）交友要谨慎，避免以感情代替理智

人的感情是主体与客体的交流，既是主观体验，也是对外界的反映，本身应该包含合理的理智成分。如果只凭感情用事、一味"跟着感觉走"，往往容易上当受骗。交友最基本的原则有两条：一是择其善者而从之，真正的朋友应该建立在志同道合和高尚的道德情操的基础之上，是真诚的感情交流而不是简单的利益关系，要学会了解、理解和体谅；一是严格做到"四戒"，即戒交低级下流之辈，戒交挥金如土之流，戒交吃喝嫖赌之徒，戒交游手好闲之人。与人交往要区别对待，保持应有的理智。对于熟人或朋友介绍的人，要学会"听其言、察其色、辨其行"而不能"一是朋友，都是朋友"。对于"初相识的朋友"，不要轻易"掏心窝子"，更不能言听计从、受其摆布利用。对于那些"来如风雨，去如微尘"的上门客，态度要热情、处置要小心，尽量不为他们提供单独行动的时间和空间，以避免给犯罪分子创造作案条件。

（3）同学之间要互相沟通、互相帮助

在大学里，无论哪个学院、哪个专业，班集体是校园中一个最基本的组织形式。在这个集体中，大家向往着同一个学习目标，生活和学习是统一的同步的，同学间、师生间应该加强沟通、互相帮助。有些同学把个人之间的交往看作个人隐私，但其实有些交往关系，在自己认为合适的范围内适当透露或公开，更适合安全需要，特别是在自己觉得可能会吃亏上当时，与同学进行沟通或许就会得到一些帮助并避免受害。

（4）服从校园管理，自觉遵守校纪校规

为了加强校园管理，学校会制定一系列管理制度和规定。制度是用来约束人们行为的，在执行过程中可能会给同学们带来一些不便，但绝大多数校园管理制度都是为控制闲杂人员和犯罪分子混入校园作案，以维护学生正当权益和校园秩序而制定的。因此，同学们一定要认真执行有关规定，自觉遵守校纪校规，积极支持有关部门履行管理职能，并努力发挥出自己应有的作用。

（5）牢记校园防骗警句

公检法电话要求你转账汇款的都是诈骗（学校收费也是公开透明，无缘无故以学校名义要求你转账汇款也是诈骗）。

向你宣传做兼职刷单返现的都是诈骗。

请你汇款到"安全账户"的都是诈骗。

你该收钱却让你先打钱的都是诈骗。

请你接受网上银行和账号检查的都是诈骗。

要求先交费交"保证金"的都是诈骗。

电话/网上通知欠费、交费或换卡的都是诈骗。

自称老朋友/领导/老板等熟人要求汇款的都是诈骗。

通知"家属"出事要求汇款的都是诈骗。

威胁恐吓、道德绑架要求转账汇款的都是诈骗。

自称客服给你退赔要求登录新的网站和扫描二维码的都是诈骗。

电话中索要个人和银行卡信息、验证码的都是诈骗。

网上交友提供裸聊的都是诈骗。

网上交友线下见面约见高级消费场所的都是诈骗。

网络赌博是诈骗更是违法。

另外，面对网络诈骗，应该牢记六个一律、八个凡是。

六个一律：

只要一谈到银行卡，一律挂掉。

只要一谈到中奖，一律挂掉。

只要一谈到"电话转接任何执法机构"，一律挂掉。

所有短信要求点击链接的，一律删掉。

微信不认识的人发来的链接，一律不点。

一提到"安全账户"的一律是诈骗。

八个凡是：

凡是自称任何执法机构要求汇款的，都是骗子。

凡是叫你汇款到"安全账户"的，都是骗子。

凡是通知中奖、领奖要你先交钱的，都是骗子。

凡是通知"家属"出事要先汇款的，都是骗子。

凡是在电话中索要银行卡信息及验证码的，都是骗子。

凡是让你开通网银接受检查的，都是骗子。

凡是自称你的老板或者领导要求汇款的，都是骗子。

凡是陌生网站要登记银行卡信息的，都是骗子。

国家反诈中心APP是一款能有效预防诈骗、快速举报诈骗内容的软件，软件里面有丰富的防诈骗知识，通过学习里面的知识可以有效避免各种网络诈骗的发生，提高每个用户的防骗能力，还可以随时向平台举报各种诈骗信息，减少不必要的财产损失。

一旦被骗，保存好骗子账号、账户姓名，保留通话、聊天记录、银行转账凭证等线索，立即拨打110报警，及时止损。

实训任务

任务1 配置本地安全策略和组策略

任务目标

- 学习本地安全策略及组策略的使用。
- 掌握常用的策略配置方法。

任务环境

- 安装有Windows 7/10/11或Windows Server等系统的任务机器。

任务要求

对计算机进行以下安全配置：

- 设置系统3天后强制更改密码。
- 设置密码长度最小值。
- 隐藏桌面的系统图标。

○ 保护"任务栏"和"开始"菜单。
○ 禁止访问"控制面板"和PC设置。

任务实施

1. 设置强制密码策略

第一步：按<Win+R>组合键，打开"运行"窗口，输入secpol.msc，打开"本地安全策略"，如图7-2所示。

图7-2 打开"本地安全策略"

第二步：在打开的本地安全策略窗口中选择"安全设置"→"账户策略"→"密码策略"，在窗口右侧，选择"密码最短使用期限"，双击打开，如图7-3所示。

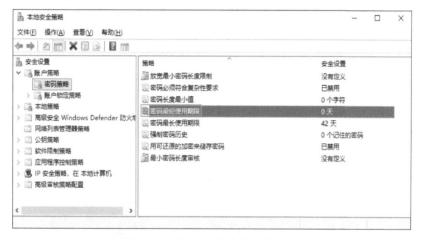

图7-3 选择"密码最短使用期限"

第三步：在弹出的"密码最短使用期限 属性"对话框中，将"在以下天数后可以更改密码"设置为3天，如图7-4所示。

2. 设置密码长度最小值

第一步：在打开的本地安全策略窗口中选择"安全设置"→"账户策略"→"密码策略"，在窗口右侧，选择"密码长度最小值"，双击打开，如图7-5所示。

第二步：在弹出的"密码长度最小值 属性"对话框中，将"密码必须至少是"设置为安全密码范围（如12），若将所需的字符数设置为0则表示无需密码，如图7-6所示。

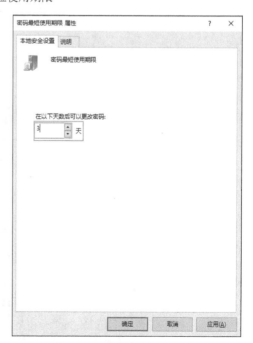

图7-4 设置密码最短使用期限

图7-5　选择"密码长度最小值"

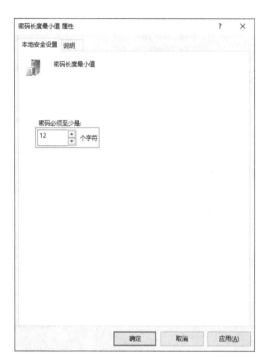

图7-6　设置密码长度最小值

3. 隐藏桌面的系统图标

第一步：按<Win+R>组合键，打开"运行"窗口，输入gpedit.msc，打开"本地组策略编辑器"，如图7-7所示。

第二步：选择"用户配置"→"管理模板"→"桌面"，在右侧窗口选择"隐藏和禁用桌面上的所有项目"，如图7-8所示。

图7-7　打开"本地组策略编辑器"

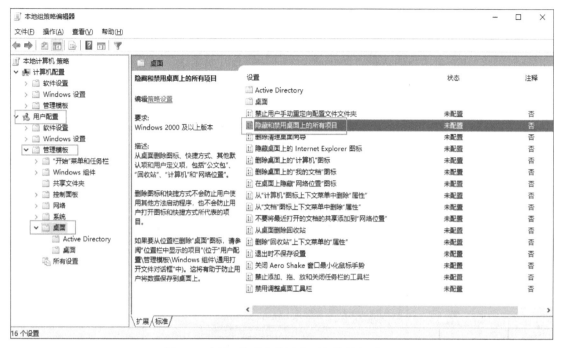

图7-8　选择"隐藏和禁用桌面上的所有项目"

第三步：在打开的"隐藏和禁用桌面上的所有项目"对话框中，选中"已启用"并单击"确定"按钮。这样桌面上就没有图标了，如图7-9所示。

图7-9　启用"隐藏和禁用桌面上的所有项目"

4. 保护"任务栏"和"开始"菜单

第一步：在"本地组策略编辑器"中，选择"用户配置"→"管理模板"→"开始菜单和任务栏"，在右侧窗口中选择"阻止更改'任务栏和开始菜单'设置"，如图7-10所示。

图7-10 选择"阻止更改'任务栏和开始菜单'设置"

第二步：在打开的"阻止更改'任务栏和开始菜单'设置"对话框中，选中"已启用"并单击"确定"按钮。这样用户就不可以使用任务栏属性了，如图7-11所示。

图7-11 启用"阻止更改'任务栏和开始菜单'设置"

5. 禁止访问"控制面板"和PC设置

第一步：在"本地组策略编辑器"中，选择"用户配置"→"管理模板"→"控制面板"，在右侧窗口中选择"禁止访问'控制面板'和PC设置"，如图7-12所示。

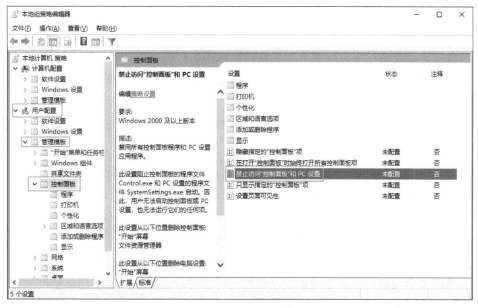

图7-12　选择"禁止访问'控制面板'和PC设置"

第二步：在打开的"禁止访问'控制面板'和PC设置"对话框中，选中"已启用"并单击"确定"按钮。这样用户就不能再使用控制面板功能了，如图7-13所示。

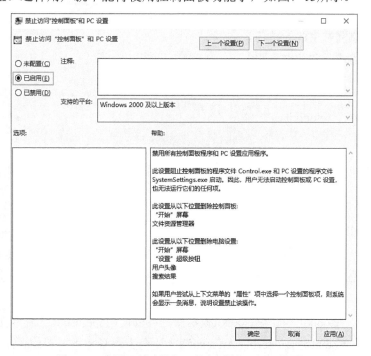

图7-13　启用"禁止访问'控制面板'和PC设置"

任务小结

本任务对登录到计算机的账户进行了安全设置，主要是对本地计算机的安全设置。例如，密码策略：本任务设置了密码的复杂性要求，确保用户账户安全。在本地组策略中控制了操作者对系统功能的权限，如更改任务栏、控制面板等。除密码策略外，还有以下几个方面可以进行安全设置：

○ 账户锁定策略：可以设置登录失败的次数和账户锁定的时间，防止暴力破解密码。

○ 安全审计策略：可以开启安全审计功能，记录系统的安全事件，例如，登录日志、文件访问日志等。

○ 用户权限设置：可以设置用户的权限，包括管理员权限和普通用户权限，以限制用户对系统的访问和操作。

○ 安全选项设置：可以设置一些安全选项，例如，禁用自动播放、禁用远程桌面服务、禁用自动下载等，以减少潜在的安全风险。

○ 软件限制策略：可以限制可执行文件的运行，防止未经授权的程序运行。

○ 网络安全设置：可以设置防火墙规则、网络访问控制列表（ACL）等，以保护计算机免受网络攻击。

○ 这些安全设置和策略在增加安全性的同时也可能会对用户的使用体验产生一定的影响，因此在设置时需要综合考虑安全性和便利性。

任务2　体验社会工程学

任务目标

○ 学习钓鱼网站生成的技巧。

○ 理解网络威胁和防御方法。

任务环境

○ Kali Linux、setoolkit。

任务要求

○ 使用Kali Linux自带的setoolkit工具生成钓鱼网站，获取模拟目标账号的密码。

任务实施

setoolkit是Kali Linux系统集成的一款社会工程学工具包，全称是Social Engineering Toolkit（SET），它是一个基于Python的开源的社会工程学渗透测试工具。这套工具包由David Kenned设计，而且已经成为业界部署实施社会工程学攻击的标准。以下是社会工程学任务实施步骤。

1）打开Kali、setoolkit（如果setoolkit版本低，可以使用apt install set命令更新版本）。

2）选择"1）Social-Engineering Attacks"（社会工程学攻击）模块。setoolkit主界面如图7-14所示。

图7-14　setoolkit主界面

3）选择"2）Website Attack Vectors"（网站攻击向量），如图7-15所示。随后选择"3）Credential Harvester Attack Method"（凭证收割机攻击方法），如图7-16所示。这里是使用给定的网站，以欺骗用户输入个人敏感信息，如用户名、密码等。

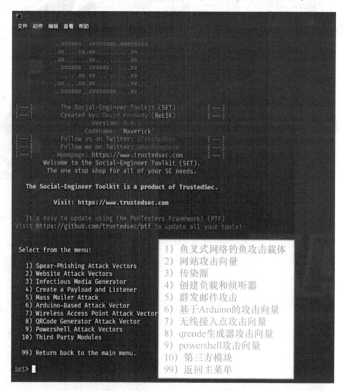

图7-15　社会工程学攻击界面

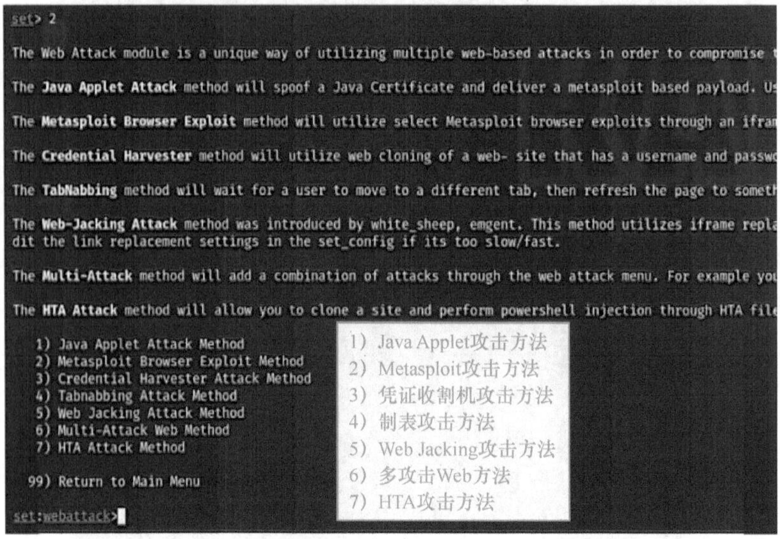

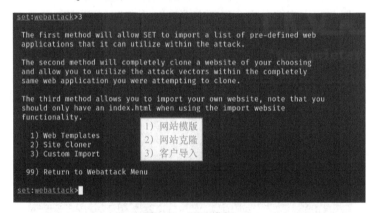

图7-16　网站攻击向量界面

4）选择"1）Web Templates"（网站模版），如图7-17所示。

图7-17　网站模版

5）首先填入攻击机的IP，填Kali的IP即可，如192.168.237.129，按<Enter>键随后选择模版，这里选择Google模版，按<Enter>键后开启监听，如图7-18所示。

6）访问攻击机IP，并且单击这个生成的网址，这里访问的就是工具自动生成的网页，此时攻击机已显示了账号密码，随后会跳转到所访问网站的页面，如图7-19和图7-20所示。

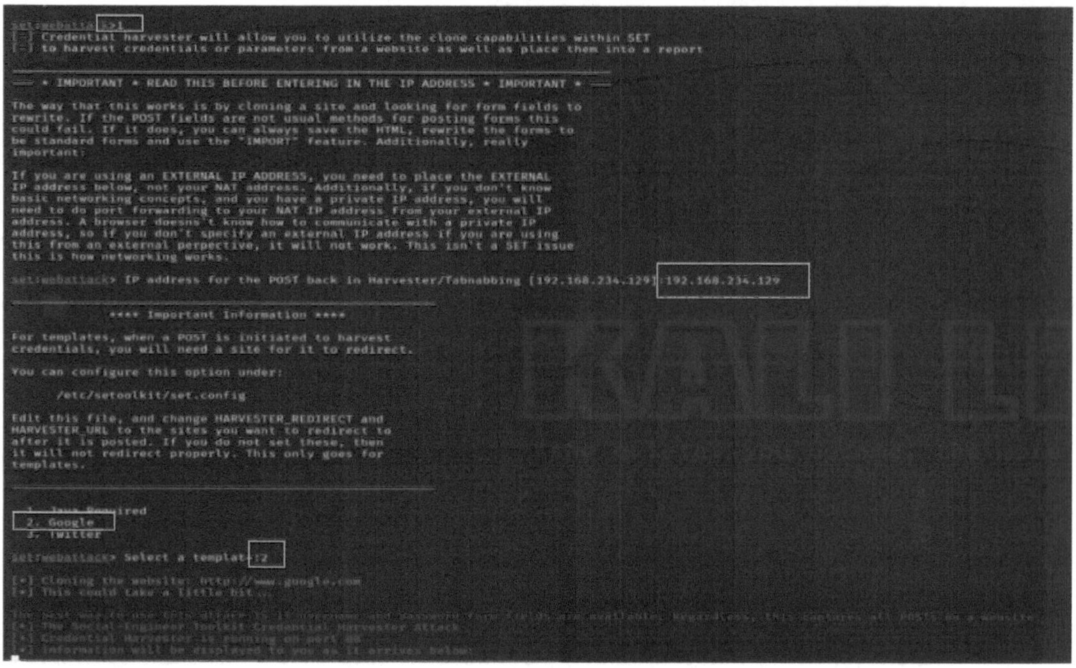

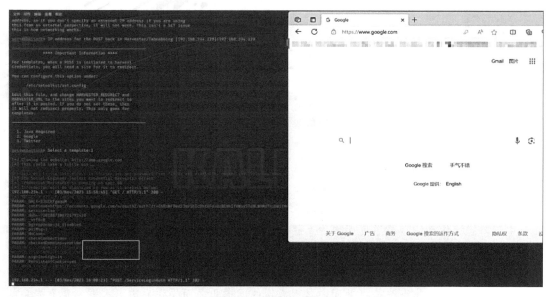

图7-18　开启监听

图7-19　获取账号密码

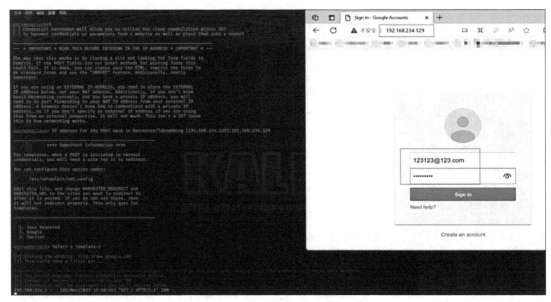

图7-20　访问页面

任务小结

本任务通过setoolkit工具成功获得登录账号以及密码，但有许多不足之处，例如URL栏中的IP为攻击机的地址，容易被发现，如果使用手机浏览器可以隐藏该URL信息。

因此，为了更好地防范钓鱼网站攻击，不能随意打开陌生地址，仔细检查地址是否为要访问的目标地址。

拓展阅读

国产操作系统

操作系统是信息系统的核心，其安全性直接影响着国家信息的保密性和完整性。自主可控操作系统能够有效防范外部威胁和攻击，保障国家的信息安全。在军事领域对于操作系统的安全性要求更高，自主可控操作系统能够确保军事指挥系统在战时的可靠性和保密性，提升国家的军事安全水平。

1. 中标麒麟操作系统

中标麒麟是由中国电子信息产业集团公司（CSIP）开发的操作系统，基于Linux和开放源代码技术。被广泛应用于政府、金融、电信等行业领域，具有较强的自主可控性和安全性。

中标麒麟操作系统涵盖了桌面操作系统和服务器操作系统两个主要方向，为不同用户群体提供多样化的产品和服务。

（1）国产中标麒麟桌面操作系统

中标麒麟桌面操作系统是一款面向桌面应用的图形化桌面操作系统，是国家重大专项的核心组成部分，是民用、军用"核高基"项目桌面操作系统项目的重要研究成果，该系统成功通过了多个国家权威部门的测评，为实现操作系统领域自主的战略目标做出了重大贡献。

中标麒麟桌面操作系统针对X86及龙芯、申威、众志等国产CPU平台，完成了硬件适配、软件移植、功能定制和性能优化，可以运行在台式计算机、笔记本计算机、一体机、车载机等不同产品形态之上，支撑着国防、政府、企业、电力和金融等各领域的应用。

（2）中标麒麟高级服务器操作系统

中标麒麟高级服务器操作系统是中标软件有限公司在多年Linux研制经验基础上，适应虚拟化、云计算、大数据时代对业务性能、扩展性、安全需要，依照CMMI5标准研发，针对关键业务及数据负载而构建的功能丰富、安全、高可靠、易管理、高性能的自主服务器操作系统；广泛应用于物理和虚拟化环境，公共云平台、私有云环境和混合云环境。

2．统信操作系统

统信操作系统是由统信软件技术有限公司研发的。统信操作系统涵盖了桌面操作系统和服务器操作系统两个主要方向，为不同用户群体提供多样化的产品和服务。

（1）统信桌面操作系统

统信桌面操作系统为个人用户提供美观易用的国产操作系统，该操作系统支持Linux原生、Wine和安卓应用，拥有丰富的软件应用生态。注册流程也得到了优化，支持微信扫码登录UOSID，提供更加便捷的用户体验。统信桌面操作系统新增了跨屏协同功能，实现了计算机和手机之间的互联，方便管理手机文件，并支持文档同步修改。在桌面视觉和交互体验方面也进行了进一步的优化。

（2）统信服务器操作系统

统信服务器操作系统V20是统信操作系统产品家族中面向服务器端运行环境的一款平台级软件。它主要针对企业用户，解决客户在信息化基础建设过程中对服务端基础设施的安装部署、运行维护和应用支持等需求。

3．华为Harmony OS操作系统

（1）Harmony OS（鸿蒙）操作系统

Harmony OS是华为公司自主开发的一款基于微内核、面向全场景的分布式操作系统。Harmony OS操作系统的目标是将手机、计算机、平板计算机、电视、工业自动化控制、无人驾驶、车机设备、智能穿戴等各种智能终端统一成一个操作系统，以满足不同应用场景的需求。Harmony OS是基于微内核的全场景分布式操作系统，Harmony OS首先在智慧屏、车载终端、穿戴设备和智能手机等智能终端上进行了部署。

Harmony OS是华为公司在面对多样化的智能终端需求时所构建的一个统一的操作系统架构。它的分布式架构、流畅性能、可信安全和跨终端生态共享等特点，使其成为一款备受期待的操作系统。未来，Harmony OS有望在各种应用场景中发挥重要作用，为用户带来更加便捷、智能的生活体验。

（2）openEuler（欧拉）操作系统

鸿蒙服务于智能终端、物联网和工业终端。欧拉操作系统是面向数字基础设施的操作系统，支持服务器、云计算、边缘计算、嵌入式等四大应用场景，支持多样性计算，致力于提供安全、稳定、易用的操作系统。2019年，欧拉操作系统正式开源。2021年9月，华为全新发布操作系统openEuler，旨在成为国家数字基础设施的操作系统和生态底座，承担着构建领先、可靠和安全的数字基础设施的历史使命。它以Linux稳定系统内核为基础，是面向数字基础设施的操作系统，支持服务器、云计算、边缘计算、嵌入式等应用场景，支持多样性计算，致力于提供安全、稳定、易用的操作系统，为企业级用户提供安全、稳定和易用的操作

系统平台。作为一个通用的服务器架构平台，openEuler支持广泛的硬件设备和应用软件，具有良好的兼容性和扩展性。它可以与不同厂商的服务器硬件和软件进行无缝集成，为用户提供灵活的选择和部署方式。2021年11月，华为宣布捐赠欧拉系统，将全量代码等捐赠给开放原子开源基金会。

课后思考与练习

一、单项选择题

1. 终端安全防护中，以下（ ）不是常见的恶意软件类型。

   A．病毒　　　　　　　B．间谍软件　　　　　C．防火墙　　　　　　D．木马

2. 下列（ ）方法可以帮助保护终端设备免受网络攻击。

   A．使用弱密码　　　　　　　　　　　　B．不安装防病毒软件

   C．定期更新操作系统和应用程序　　　　D．共享登录凭证

3. 以下（ ）是加强终端安全的最佳实践之一。

   A．开启所有文件共享选项　　　　　　　B．禁用防病毒软件实时保护功能

   C．随意插入U盘或可移动存储设备　　　D．定期进行安全漏洞扫描和修复

4. 以下（ ）行为可能会导致个人隐私数据泄露。

   A．定期更改密码　　　　　　　　　　　B．在公共WiFi网络上进行银行交易

   C．启用双因素身份验证　　　　　　　　D．使用防病毒软件

5. 下列（ ）做法有助于保护个人隐私数据。

   A．将所有个人数据存储在同一台设备上

   B．在社交媒体上分享生日和家庭地址

   C．定期备份重要数据

   D．将所有账号设置相同的密码

6. 社会工程学指的是（ ）。

   A．一种传统的工程学科

   B．一种研究社会现象的社会学分支

   C．一种利用技术手段影响人们行为的攻击方式

   D．一种军事战略规划方法

7. 在防范社会工程学攻击时，以下（ ）措施最有效。

   A．加强网络安全技术　　　　　　　　　B．提高安全意识和加强安全培训

   C．增加网络防火墙的屏障　　　　　　　D．定期更换密码和密钥

二、简答题

1. 什么是终端安全防护？请列举至少两种终端安全防护措施。

2. 为什么定期更新操作系统和应用程序对终端安全至关重要？请说明原因。

3. 列举三种保护个人隐私数据安全的方法，并简要介绍每种方法的作用。

4. 什么是社会工程学攻击？简要描述社会工程学攻击的原理和特点。

5. 举例说明一种常见的社会工程学攻击手段，并阐述如何防范这种攻击手段。

下篇 意识培养与行为规范

模块8 网络行为安全

学习目标

- ○ 培养学生正确的安全意识,正确认识网络安全责任的重要性。
- ○ 培养学生良好的网络安全行为习惯,提升对网络安全的认知。
- ○ 培养学生正确的安全意识和规范学生的网络行为。
- ○ 提升学生的网络安全技能。
- ○ 培养学生的创新思维和问题解决能力。

网络行为的类型包括访问网站、收发邮件、上传和下载、即时通信、论坛、网络游戏、流媒体视频等。由于网络尤其是Internet网络的开放性、系统的缺陷与漏洞、恶意攻击、计算机病毒、工作人员的误操作以及安全意识淡薄等安全威胁行为的存在,导致了许多负面影响,比如虚假信息泛滥、网络游戏危害、网络犯罪猖獗等,甚至是基于网络的各种应用,如电子商务、电子政务等的安全也受到了严重挑战。

本模块主要从人际交往、电子商务、时事与资讯安全三个方面,详细分析了网络行为中可能存在的威胁,以及常见的网络攻击行为和相关防范方法。

本模块知识思维导图如图8-1所示。

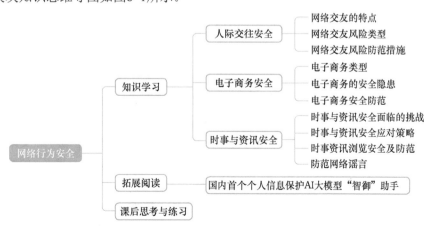

图8-1 模块知识思维导图

8.1 人际交往安全

8.1.1 网络交友的特点

随着更多应用功能的开发，网络交友的服务形式也越来越丰富，网络交友的方式变得更加具体化，也更具有针对性。

1. 网络交友具有虚拟性

网络社交是以虚拟技术为基础的，交往双方并不需要面对面接触，而是通过互联网平台进行交流和互动。这种虚拟性可以隐匿自己的真实身份和身体特征，自由地表达自己的想法和情感，同时也增加了交往的不确定性和风险。

2. 网络交友具有多元性

网络交友的多元性指的是网络人际交往的形式多样，涉及不同的社交平台、交流方式和文化背景。这种多元性使得人们可以自由选择自己喜欢的方式进行交往，同时也带来了多元的文化和价值观的交流与融合。

网络交友的多元性体现在以下几个方面：

社交平台的多样性：人们可以通过不同的社交平台进行网络交往，比如社交聊天软件、交友网站、论坛等。这些平台提供了不同的交流方式和功能，满足人们不同的交往需求。

交流方式的多样性：在网络交往中，人们可以通过多种方式进行交流，比如文字、语音、视频通话、在线游戏等。这些交流方式具有不同的特点和功能，可以让人们更加灵活地选择适合自己的交往方式。

文化背景的多样性：网络交往跨越了地域和国界限制，使得人们可以与来自不同国家和地区的人进行交流。这种多样性带来了更多元的文化和价值观的交流与融合，同时也增加了对不同文化和背景的理解和适应难度。

网络交友的多元性为人们提供了更多的社交机会和可能性，促进了人际关系的拓展和深化。同时，也带来了一些挑战和问题，比如文化冲突、语言障碍等。在进行网络交往时，需要保持开放的心态和文化敏感度，尊重和理解不同文化和价值观，同时也需要注意网络安全和个人隐私保护等问题。

3. 网络交友具有创新性

交友模式的创新：网络交友突破了传统的面对面交往模式，创新了各种交友模式，比如"牵线搭桥"模式、"随机配对"模式、"随机聊天"模式等。

交流方式的创新：网络交友通过各种创新的交流方式，比如即时通信、社交媒体、语音通话、视频聊天等，使得人们可以更加方便和灵活地进行交流和互动。

数据化的运用：网络交友利用大数据和人工智能技术，对用户信息和行为进行数据化分析和挖掘，为人们提供更加精准和个性化的推荐和服务。比如，通过用户的兴趣爱好、地理位置、社交行为等信息，为用户推荐符合条件的新朋友或社交活动。

模块8　网络行为安全

网络交友的创新性为人们提供了更多的社交选择和可能性，同时也带来了更多的社交体验和创新玩法。然而，创新性也带来了一些风险和问题，比如个人信息泄露、网络欺凌、虚假信息等。因此，在进行网络交友时，需要提高安全防范意识，注意保护个人隐私和信息安全，同时也需要遵守网络社交的规范和道德标准。

4. 网络交友具有自由性

网络交友具有自由特性，因为网络社会是一个分散式的网络结构，没有中心、没有阶层、没有等级关系，每个人都可以自由地发表自己的观点和信息，建立自己的人际关系。这种自由特性使得人们可以更加自由地选择自己的交往对象和方式，表达自己的想法和情感，同时也增加了交往的不确定性和风险。

在网络交往中，人们可以隐匿自己的真实身份和身体特征，选择自己喜欢的角色和身份进行交往，这种非现实性和匿名性也使得人们更容易摆脱现实生活的限制和约束，自由地表达自己的想法和情感。同时，网络社会的虚拟性和平等性也使得人们更加容易接受不同的观点和文化，促进文化交流和理解。

然而，这种自由性也带来了一些问题，比如虚假信息、网络欺凌、隐私泄露等。因此，在进行网络交友时，不要轻易相信虚假信息，保护个人隐私和信息安全，同时也需要遵守网络社交的规范和道德标准。在建立深层次的人际关系时，建议在现实生活中进行交流和了解，增加彼此的了解和信任。

8.1.2　网络交友风险类型

1. 网络陷阱

（1）网络钓鱼陷阱

钓鱼网站是指欺骗用户的虚假网站。它是一种欺骗手段，攻击者通过伪装成可信任的实体，如银行、电子邮件提供商或社交媒体平台，诱使用户提供个人信息、账户凭据或敏感信息。钓鱼网站是互联网中常见的一种诈骗方式，攻击者通常会利用社会工程学技巧和伪造的网站来欺骗用户，使其相信他们正在与合法实体进行交互。一旦用户提供了敏感信息，攻击者就可以滥用这些信息，例如，盗取账户、进行身份盗窃或进行其他欺诈活动。

钓鱼网站界面与真实网站界面基本一致，一般只有一个或几个页面，用于欺骗消费者或骗取访问者提交的账号和密码信息。钓鱼网站的工作原理是"好友"转发一个与真实网站几乎一模一样的网站，诱导用户进入。如果用户放松警惕而进入了钓鱼网站，登录时输入账号和密码，该网站的后台将会记录用户的全部输入信息，最后再将请求转向真实网站让用户无法感知，此时钓鱼网站的目的已达成。

（2）欺诈陷阱

网络交友中可能存在虚假交友、诈骗、盗号、涉黄等行为。这些陷阱可能导致个人财产损失或个人信息泄露。例如，网络交友时分享的个人信息，如电话号码、电子邮件地址、住址等。非法买卖手机卡、银行卡，提供转账、提取现金等服务。这些行为均可能会被不法分子利用，导致个人信息泄露、被滥用或遭受金融诈骗等。

（3）恶意软件陷阱

恶意软件是指具有恶意目的的软件，包括病毒、木马、间谍软件、勒索软件等。这些软件可能通过下载、点击恶意链接、打开感染的附件或访问被感染的网站等方式进入用户的设备。一旦感染，恶意软件可以在用户不知情的情况下执行恶意活动，如窃取个人信息、监视用户活动、破坏系统、勒索用户等。恶意软件通常会利用安全漏洞或用户的不注意来传播和感染其他设备。

恶意软件还会通过捆绑共享软件，采用一些特殊手段频繁弹出广告来窃取用户隐私，严重干扰用户正常使用计算机。根据不同的特征和危害，恶意软件主要有广告软件、间谍软件、浏览器插件、行为记录软件和恶意共享软件等。

2. 网络交友风险类型

1）虚假身份欺骗：一些不法分子利用虚假身份信息建立信任关系，从而实施诈骗或其他不法行为。

2）隐私泄露：在网络交友过程中，个人隐私信息可能被泄露，导致个人安全受到威胁。

3）色情诈骗：一些不法分子以色情内容诱惑他人，达到敲诈勒索的目的。

4）恋爱骗局：通过虚构感情故事或其他手段，骗取他人金钱或其他利益。

5）网络欺凌：在网络交友中遭受到言语暴力或其他形式的欺凌和侵害。

8.1.3 网络交友风险防范措施

1）谨慎选择交友平台：选择知名度高、口碑好的交友平台，减少受骗风险。

2）谨慎添加陌生人：避免轻易添加陌生人为好友，确保自己的社交圈子相对熟悉和可靠。

3）警惕虚假信息：谨慎对待陌生人提供的信息，注意核实对方身份的真实性。

4）保护个人隐私：不轻易透露个人隐私信息，避免成为隐私泄露的受害者。

5）提高安全意识：学会识别网络诈骗手段，不轻信陌生人的言语和承诺，提高自我保护意识。

1. 防护邮箱账号及密码，杜绝信息泄露

下面以Foxmail为例，进行邮箱安全防范示例。

1）远程管理。远程管理功能可以远程决定邮件服务器上的邮件收取与否。如果发现接收的邮件头明显具有垃圾邮件的特征，立即单击"删除"按钮将其在远程删除。

2）反垃圾邮件设置。在Foxmail中可以通过贝叶斯过滤，对接收的邮件进行判断，识别出是否为垃圾邮件，如果是垃圾邮件则将自动分捡到垃圾邮件箱中，从而最大限度地实现与垃圾邮件对抗的效果。此外，还可以设置黑名单、白名单等方式来拒绝或允许接收哪些地址的邮件。

贝叶斯过滤：这是一种智能型反垃圾邮件设计，通过让Foxmail对垃圾与非垃圾邮件的分析，来提高自身对垃圾邮件的识别准确率。

黑名单：只需将一些确认为垃圾邮件的地址输入到黑名单中，即可完成对该邮件地址发

下篇　意识培养与行为规范

来的所有邮件监控。

白名单：一种强制性认为是非法垃圾邮件的设计，在默认情况下，Foxmail 会自动导入已被允许接收的邮件发出地址，也可自行添加。

①打开Foxmail主窗口，在窗口右侧单击"设置"命令，如图8-2所示。

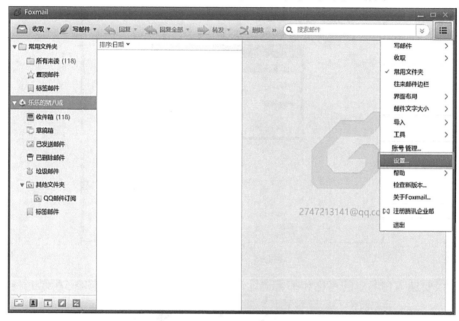

图8-2　邮箱设置选项

②在系统设置中打开"反垃圾"选项卡，即可对"贝叶斯过滤"进行设置，可在此选项中选择"低""中""高"三种过滤强度，如图8-3所示。

图8-3　设置过滤强度

③输入要加入黑名单的名称和邮箱地址，单击"确认"按钮，如图8-4所示。

图8-4　设置黑名单

④输入要加入白名单的名称和邮箱地址，单击"确认"按钮，如图8-5所示。

图8-5　设置白名单

3）设置邮件过滤器。在Foxmail主窗口右上角单击选择"工具"→"过滤器"选项，即可打开"新建过滤器规则"对话框。可以看出过滤器由条件选项和执行选项两部分组成，分别用来设置过滤器的作用条件和要执行的操作。设置完成后单击"确定"按钮即可保存设置。

2. 清理浏览器插件，杜绝恶意软件

使用Windows 7插件管理功能，防止攻击者利用浏览器ActiveX插件自动下载并安装恶意软件。

Windows 7及其以上版本的IE浏览器"工具"菜单中有"管理加载项"菜单。通过该菜单，用户可以对已经安装的IE插件进行管理。具体的操作步骤如下：

1）打开IE浏览器，单击"工具"→"管理加载项"命令，如图8-6所示，即可打开"管理加载项"对话框，在该对话框中可以查看各个加载项的详细信息。

2）在"管理加载项"对话框中可查看已运行的加载项，如图8-7所示。在Internet Explorer已经使用的加载项列表中是计算机上所存在的最完整的加载项列表。列表中详细显示了加载项的名称、发行者、状态等信息。

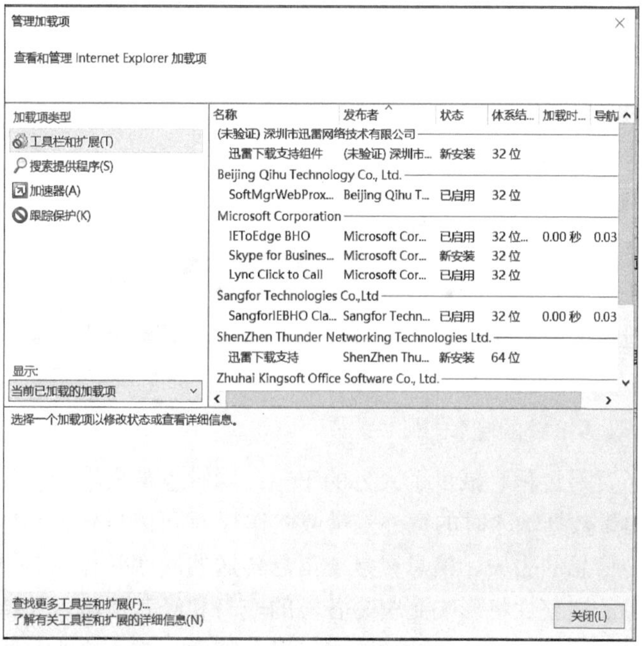

图8-6 "管理加载项"命令

图8-7 查看加载项

3）用户可以根据需要选取某个插件，然后单击"禁用"按钮将其屏蔽。

8.2 电子商务安全

电子商务安全主要是保证信息传递中的完整性、可靠性、真实性，以及防范未经授权的非法入侵等。

8.2.1 电子商务类型

B2B（Business to Business，企业对企业的电子商务）：主要是指企业之间的交易，利用电子化手段进行商务活动。例如，阿里巴巴就是一个典型的B2B电商平台，专门为商务用途

而设计。

B2C（Business to Consumer，商业对消费者的电子商务）：主要是指商家与个人之间的交易，也就是常说的电子商务的一种形式。比如，淘宝、京东等就是典型的B2C电商平台。

C2C（Consumer to Consumer，消费者对消费者的电子商务）：主要是指个人与个人之间的交易。比如，闲鱼、拼多多等就是典型的C2C电商平台。

O2O（Online to Offline，即线上到线下的电子商务）：主要是指线上交易或者线上服务引导到线下消费的电子商务形式。例如，美团、大众点评等就是典型的O2O电商平台。

8.2.2 电子商务的安全隐患

电子商务的各方不需要面对面来进行商务活动，信息流和资金流都是通过网络来传输。而Internet是一个向全球用户开放的巨大网络，其技术上的缺陷和用户使用中的不良习惯，使得电子商务中的信息流和资金流在传输时存在着许多安全隐患。

1. 中断系统：破坏系统的有效性

网络故障、操作错误、应用程序错误、硬件故障、系统软件错误及计算机病毒都能导致系统不正常工作，因而要对由此所产生的潜在威胁加以控制和预防,以保证贸易数据在确定的时刻、确定的地点是有效的。

2. 窃听信息：破坏系统的机密性

传统的纸面贸易都是通过邮寄封装的信件或通过可靠的通信渠道发送商业报文来达到保守机密的目的。电子商务是建立在一个较为开放的网络环境上的，要预防通过搭线和电磁泄漏等手段造成信息泄露，或者对业务流量进行分析从而获取有价值的商业情报等一切损害系统机密性的行为。

3. 篡改信息：破坏系统的完整性

电子商务简化了贸易过程，减少了人为的干预，同时也带来维护贸易各方商业信息的完整、统一的问题。由于数据输入时的意外差错或欺诈行为,可能导致贸易各方信息的差异。此外，数据传输过程中信息的丢失、信息重复或信息传送的次序差异也会导致贸易各方信息的不同。贸易各方信息的完整性将影响到贸易各方的交易和经营策略，保持贸易各方信息的完整性是电子商务应用的基础。因此，要预防对信息的随意生成、修改和删除，要防止数据传送过程中信息的丢失和重复并保证信息传送次序的统一。

4. 伪造信息：破坏系统的可靠性、真实性

在传统的纸面贸易中，贸易双方通过在交易合同、契约或贸易单据等书面文件上手写签名或印章来鉴别贸易伙伴，确定合同、契约、单据的可靠性并预防抵赖行为的发生。在无纸化的电子商务方式下，要在交易信息的传输过程中为参与交易的个人、企业或国家提供可靠的标识。

8.2.3 电子商务安全防范

1. 使用虚拟专用网（VPN）

虚拟专用网是依靠Internet服务提供商ISP（Internet Service Provider）和网络服务提供商

NSP（Network Service Provider）在公共网络中建立的虚拟专用通信网络。在电子商务中通常采用VPN技术，通过加密和验证网络流量来保护在公共网络上传输私有信息，而不会被窃取或篡改。对于用户来说，就像使用他们自己的私有网络一样。

2. 配置防火墙

防火墙是一种由计算机硬件和软件的组合，使互联网与内部网之间建立起一个安全网关，从而保护内部网免受非法用户的侵入，即将互联网与内部网（通常指局域网或城域网）隔开的屏障。防火墙的应用可以有效地减少黑客的入侵及攻击，为电子商务的实施提供一个相对安全的平台。

3. 采用身份认证

强化密码策略。要求用户使用强密码，并定期更换密码。同时也可以引入双因素身份验证，如短信验证码、指纹识别或令牌，提高账户的安全性。

4. 实施访问控制

访问控制是按用户身份及其所归属的某项定义组来限制用户对某些信息项的访问，或限制对某些控制功能使用的一种技术，通常用于系统管理员控制用户对服务器、目录、文件等网络资源的访问。实施访问控制，可以限制对敏感数据和功能的访问权限，并采用角色基础的访问控制模型。

5. 选择安全支付通道

可以选择安全可靠的第三方支付平台，并使用安全支付通道，如HTTPS，以保障支付数据的安全传输。

6. 进行风险识别和监控

建立风险识别系统，监控用户交易行为，及时发现异常交易并进行风险评估和处理。

7. 开展员工安全培训和教育

为员工提供安全培训和教育，提高他们对社会工程和欺诈的认识，警惕钓鱼邮件、诈骗电话等。

8. 强化用户安全意识

提醒用户保持警惕，不轻易相信可疑的信息和链接，避免被社会工程学攻击和欺诈行为所利用。

8.3　时事与资讯安全

时事与资讯安全在当今数字化社会中变得愈发重要。随着科技的快速发展，人们对信息的获取和传播方式越来越依赖互联网和数字化平台。然而，随之而来的是信息泄露、网络攻击、虚假信息传播等问题。时事与资讯安全是一个复杂而严峻的问题，需要政府、企业和个人共同努力，只有通过合作与监管，才能建立一个更加安全、健康和可靠的信息环境。

8.3.1　时事与资讯安全面临的挑战

网络安全威胁：网络黑客、病毒攻击、勒索软件等威胁不断增加，给个人和组织的信息资产带来严重风险。

隐私保护：个人隐私数据的泄露和滥用日益严重，用户对于个人数据的保护需求也在增加。

虚假信息传播：假新闻、谣言在互联网上的传播速度之快，已经成为严重的社会问题，影响公众的判断和决策能力。

知识产权侵权：数字化环境下，知识产权被盗用、侵权的现象屡见不鲜，给创新和发展带来困扰。

8.3.2　时事与资讯安全应对策略

加强网络安全意识、加强数据保护法规、加强信息真实性监管以及加强知识产权保护是当前时事与资讯安全面临的挑战所需的有效策略。

加强网络安全意识：个人和组织应提高网络安全意识，学习防范网络攻击的基本知识，定期更新安全软件和系统。

加强数据保护法规：政府出台严格的数据保护法规，规范个人数据的收集、使用和保护，加强对违规行为的监管和处罚。

加强信息真实性监管：建立完善的信息审核机制，加强对新闻媒体和网络平台的监管，打击虚假信息传播行为。

加强知识产权保护：完善知识产权法律体系，加大对知识产权侵权行为的打击力度，促进创新和知识产权保护。

8.3.3　时事资讯浏览安全及防范

时事和资讯通常来源于网络上各种资讯平台和新闻网站，而网页是构成网站的基本元素，通常由图片、链接、文字、声音、视频等元素组成。常见网页文件以.htm或.html为扩展名，称为HTML文件。在使用浏览器访问网页时，可能会遇到一些问题。

1）恶意插件：浏览器插件繁多，虽然可以通过下载插件增强浏览体验，但也存在安全隐患，如伪装成合法插件的恶意插件，安装后可能导致数据被窃取或下载恶意软件的风险。

2）DNS中毒：DNS用于将域名转换为IP地址，方便浏览器显示要访问的站点。攻击者可能攻击计算机存储的DNS条目或DNS服务器，将浏览器重定向到钓鱼网站等恶意域。

3）浏览器漏洞：不法分子利用浏览器或插件/扩展的漏洞进行攻击，窃取敏感数据或下载恶意软件。攻击通常起始于钓鱼邮件/消息或访问已被攻击者控制的网站。

4）隐私风险：Cookie是由Web服务器生成并由浏览器存储的少量代码，有助于个性化浏览体验，但也可能被不法分子利用访问用户会话，带来隐私问题和安全风险。

5）会话劫持：攻击者可能利用会话ID冒充用户登录到站点/应用程序，窃取敏感数据。

6）中间人/浏览器攻击：攻击者可插入用户正在查看的网站中，修改流量，可能导致用户被重定向到钓鱼页面或泄露信息。

为保护用户安全浏览网页，可采取以下措施：

1）使用HTTPS访问站点，防止攻击者窥探流量。

2）及时更新浏览器和插件，减少漏洞风险。

3）提高网络安全意识，谨慎点击未经确认的电子邮件链接，不泄露敏感信息。

4）下载应用程序或软件时去官方网站或大型下载站。

5）关闭浏览器的密码自动保存功能，使用隐私浏览选项，限制Cookie跟踪。

6）定期更新浏览器。

8.3.4　防范网络谣言

网络谣言是指通过网络介质（例如微博、网络论坛、社交网站、聊天软件等）传播的没有事实根据的传闻。它借助于网络平台发布或传播没有任何事实根据和被歪曲的信息。网络谣言的传播途径多样、传播范围更为广泛、传播迅速、可控性低、造谣者的身份难以确认等，可能导致谣言的负面社会效应和社会影响被放大。网络谣言产生的主要因素是信息的不对称。

网络谣言的传播对社会和个人都可能造成负面影响，因此每个人都应该保持警惕，提高媒体素养，避免成为谣言的传播者和受害者。为了有效防范网络谣言，可以采取以下措施：

1）提高媒体素养：选择可靠的媒体和信息来源，如官方网站、权威媒体等。学会辨别真假信息，了解常见的网络谣言特征，如缺乏来源、缺乏证据支持、情感化等。

2）验证信息真实性：在转发或相信某个信息之前，通过多方面的渠道验证信息来源和可靠性，如官方声明、专业机构、权威媒体等，核实信息的真实性。

3）提高批判性思维：学会质疑和思考，对不确定的信息保持怀疑态度，不轻易相信传闻和未经证实的消息。

4）谨慎转发和分享：在转发或分享信息时，要慎重考虑。避免盲目传播未经证实的信息，尤其是涉及重大事件、健康安全等敏感领域的信息。

5）积极参与举报和反驳：如果发现网络谣言，可以积极举报和反驳。通过举报平台或与他人分享真实信息来打破谣言的传播。

6）教育他人：向身边的人传播正确的信息防范意识，帮助他们识别和防范网络谣言。

拓展阅读

国内首个个人信息保护AI大模型"智御"助手

为了加强个人信息保护，提升移动互联网服务环境，工信部最近发布了国内首个个人信息保护AI大模型"智御"助手。这个新工具旨在为APP开发运营、检测防护、政策解读等方面提供智能化服务，以有效整治网络安全中的突出问题。

"智御"人工智能大模型由中国信息通信研究院研发，面向移动互联网应用开发者、分发平台、终端厂商、检测机构等行业上下游主体，提供多模态、多样化的合规咨询、风险检测、代码生成、操作指引等服务，构建AI赋能个人信息保护新范式。

从ChatGPT到Sora，以大模型为代表的人工智能浪潮席卷全球。伴随着人才、数据、算力的不断跃级，以大模型为代表的人工智能产业正展现出巨大的潜力和应用前景，正在或将在多个领域发挥重要作用。

人工智能（AI）是新一轮科技革命和产业变革的重要驱动力量，是研究、开发用于模拟、延伸和扩展人的智能的理论、方法、技术及应用系统的一门新的技术科学。它是智能学科重要的组成部分，它希望了解智能的实质，并生产出一种新的能以人类智能相似的方式做出反应的智能机器。人工智能是十分广泛的科学，包括机器人、语言识别、图像识别、自然语言处理、专家系统等。

展望未来，AI在安全与隐私方面的挑战仍然存在，但也有着巨大的机遇。技术创新和法律法规的持续发展将为AI安全与隐私保护提供更好的保障。人与机器的合作与共同责任也将成为未来发展的重要方向。只有通过持续的合作和创新，才能更好地应对AI在安全与隐私方面带来的挑战，并实现AI技术对个人信息和社会安全的保护。

课后思考与练习

一、单项选择题

1. 以下设置网络密码的方式中（　　　）更加安全。

　　A. 用自己的生日作为密码

　　B. 全部用英文字母作为密码

　　C. 用大小写字母、标点、数字以及控制符组成密码

　　D. 用自己的姓名的汉语拼音作为密码

2. 网络交友风险类型不包括（　　　）。

　　A. 网络欺诈　　　　B. 网络钓鱼　　　　C. 恶意软件陷阱　　D. 蜜罐攻击

3. 防止浏览行为被追踪，以下做法正确的是（　　　）。

　　A. 不使用浏览器

　　B. 可以通过清除浏览器 Cookie 或者拒绝 Cookie 等方式

　　C. 在不连接网络情况下使用浏览器

　　D. 以上做法都可以

二、简答题

1. 简述你在网页浏览过程中可能遇到的风险，并描述你会如何规避这些风险。

2. 简述会话劫持的攻击方式。

模块9 行业网络安全

学习目标

○ 提高对网络安全问题的敏感性和警觉性，培养网络安全防范意识。
○ 汲取先进的安全理念与策略，具备跨行业网络安全问题的综合解决能力。
○ 理解行业安全领域的最佳实践和案例，获得解决问题的思路。
○ 了解金融、企业、互联网、交通、医疗卫生等行业面临的主要威胁和风险。
○ 学会根据行业特点，运用风险评估方法，确定安全防护重点和技术方案。
○ 学会分析行业信息系统的组成和工作流程，识别关键系统和安全风险点。
○ 掌握应急响应和演练的组织实施。

随着我国网络安全行业的迅速发展，我国网络安全产品和服务已由传统领域延伸到云、大数据、物联网、工业控制和移动互联网等新兴应用场景，产品体系日益完善，产业活力日益增强。近几年网络安全行业注册企业数量连年攀升，表明我国网络安全行业发展热度正高。

根据中国互联网络信息中心发布的第52次《中国互联网络发展状况统计报告》显示，我国工业互联网基础设施持续完善，"5G+工业互联网"快速发展。2022年以来，我国网络基础设施建设全球领先，数字技术创新能力持续提升，数据要素价值备受重视，网络法治建设逐步完善，网络文明建设稳步推进，网络综合治理体系更加健全，数据安全保护体系更趋完备，网络空间国际合作有所进展，数字中国建设取得显著成效。

本模块重点从金融行业、医疗卫生行业、教育行业、交通运输行业和中小企业网络等行业，选取了典型的问题详细地阐述新一代信息技术在各行业的应用安全。

本模块知识思维导图如图9-1所示。

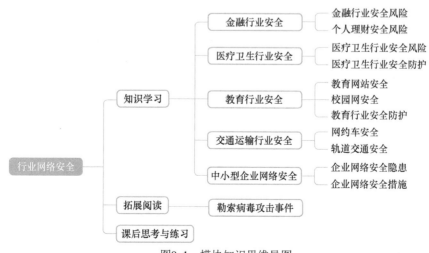

图9-1 模块知识思维导图

9.1 金融行业安全

9.1.1 金融行业安全风险

网络安全在金融领域中扮演着至关重要的角色。随着金融技术的进步和互联网的普及，金融机构和个人用户对于网络安全的需求也越来越高。金融机构处理大量敏感信息，包括客户个人身份信息、财务数据和交易记录等。如果这些信息落入不法分子手中，将会对金融机构和用户造成巨大损失，甚至导致金融系统的崩溃。此外，金融机构还面临恶意软件、网络钓鱼、勒索软件等网络攻击的威胁。因此，保护金融网络安全不仅是金融机构的责任，也是维护整个金融体系的必要条件。

金融机构在保护网络安全方面时刻面临着极大挑战，主要表现为以下几个方面：

1）不断增长的网络攻击：黑客技术不断发展，针对金融机构的网络攻击也日益复杂和隐蔽。网络攻击手段包括病毒、木马、网络钓鱼等，金融机构需要不断升级网络安全防护手段以应对这些威胁。

2）内部威胁：金融机构内部的员工也可能成为网络安全的威胁。员工的疏忽、不当操作或者恶意行为都可能导致数据泄露和系统瘫痪。因此，金融机构需要加强对员工的培训和监控，确保他们能够正确使用和保护敏感信息。

3）供应链安全：金融机构通常会依赖于第三方供应商提供各种技术和服务。但是，这些供应商可能存在网络安全漏洞，使得金融机构的网络系统面临潜在的威胁。因此，金融机构需要审查和选择可信赖的供应商，并与其建立紧密的合作关系。

金融行业的网络安全是金融机构和用户共同关心的重大问题。对于金融机构来说，保护网络安全需要持续投入和创新，应该采取多种措施来预防和应对网络攻击，同时，也需要监管机构和政府加强对金融网络安全的监管和支持，共同构建一个安全可靠的金融网络环境。此外，对于广大用户来说，提高自身金融财产安全意识、加强金融安全风险防范措施，同样是极其重要的一环。

案例：2021年9月7日，武义县派出所接到群众陶某求助称其妻子最近沉迷一个股票投资的微信群，每天在群内听导师上课，并且有投资的想法。值班民警根据陶某的描述，判断是投资理财杀猪盘类的诈骗，一旦被骗，往往损失惨重，于是立即和陶某赶往其家中。发现陶某妻子袁某正在手机上"听课"。经了解，群里每天有"投资交流学堂"，上课的导师正在介绍一支港股新股上市，低投入高回报，机会难得。袁某认为有网站的应该是正规平台，于是准备投资25万元，按照对方要求转账到一个银行账户。民警立即阻止，并且列举多个类似诈骗案例，告知其识别正规投资平台的要点，最终说服袁某，删除了微信群聊和诈骗软件。袁某事后反应过来，对民警的尽心工作表示感谢，避免了上当受骗情况的发生。

案例：2022年10月，银行工作人员与客户闲聊时，听其讲述，近期通过熟人介绍并下载了一款科技创投类APP，无风险按月支付高利率，并表示自己已经投资了1万元，返利2 000多元，正考虑再投10万元做养老储蓄。银行工作人员凭借经验，立即断定这是一场高息虚拟

APP骗局，当即劝说客户放弃追加投资，并为其讲解典型电信诈骗案例以及应对防范措施。客户听取了意见，没有追加投资，但还是抱着高利息回报的心理，未对已投资进去的1万元提现。1个月后，客户打电话告诉银行工作人员，这个所谓的APP已无法提现，对银行工作人员劝说自己不要追加投资拦截了10万元经济损失的事表示万分感谢。

这是典型的利用虚拟APP平台骗取客户资金的案例，利用客户寻求高额回报的心态，通过连环计套取客户资金，待金额累积到一定数量时，该APP就无法再使用。近年来，网络电信诈骗形式多样，手段层出不穷，一些不法分子打着高利息的幌子，利用软件APP获取客户信息，随后通过支付高额收益等套路，骗取受害者钱财后便销声匿迹。

9.1.2　个人理财安全风险

随着人们生活水平的不断提高，越来越多人满足基本的物质生活后，将选择购买合适的个人理财产品来让自己的资产升值。然而，现实社会中，个人理财是一把双刃剑，在带来收益的同时也会带来各种安全风险。

1. 个人理财安全风险一："防住骗"

在一个投资理财行业发展的阶段，骗局往往成为趋势生长的附加品，而投资理财最需要做的就是要分清真假。不要连理财平台在什么地方、用的什么系统、"三证"是否齐全都不知道，只是任由推荐平台的人口若悬河向你介绍完之后就进场。不要以为一些在投资理财界出了名的老投资人和第三方就全都可信，如果不看平台数据、不去查证真伪，闷着头投资理财，信息封闭，那么注定将成为"一只待宰的羔羊"。

2. 个人理财安全风险二："听人劝"

在投资理财的世界里，质疑永远要比赞扬来得更有价值。哪怕是在一个投资理财平台投资了很长时间，如果被警告说这个投资理财平台有问题，这时候需要冷静下来，谨慎思考，不要一意孤行，没有任何一个投资理财平台的倒闭是无征兆的。

3. 个人理财安全风险三："管住贪"

古语云："贪如火，不遏则燎原；欲如水，不遏则滔天"。在投资理财世界里，贪是最容易被骗子利用的一点，例如高息、组团、打新、恋战等。别人在高息投资理财平台中大赚利息，面对高息诱惑，自己迫不及待地把资金转入高息投资理财平台，结果骗子投资理财平台"短平快"跑路，自己就成了受害者。

银行发售理财产品的同时还会代销其他产品，所以，即使是银行理财产品，投资者也一定要学会分辨，做好风险管理。理财是现金流和风险管理，安全永远都是第一位的。

9.2　医疗卫生行业安全

9.2.1　医疗卫生行业安全风险

医疗卫生行业是当今热门行业之一，也成为网络攻击犯罪分子的主要目标之一，近年来医疗卫生行业遭受网络攻击事件接连发生，给医疗卫生行业带来巨大损失。

医疗卫生行业主要存在以下安全风险：

1. 数据泄露

数据泄露是常见的医疗行业网络安全问题，最常见的数据泄露类型是基于恶意软件的黑客攻击。犯罪黑恶团伙将非法获取的医疗数据及医疗记录拿去售卖，从中赚取高额利润。

2. 内部威胁

很多时候由于医院内部人员安全意识薄弱，个人设备往往未经加密，还很可能带有可能破坏其所连接网络的恶意病毒或"蠕虫"，使医院网络安全遭受威胁。

3. 社会工程学

此类攻击通过社会工程方法实施，能颠覆哪怕最严格的系统。最常见的社会工程方法是网络钓鱼，攻击者利用精心编制的电子邮件诱骗受害者点击恶意链接或输入其账号密码信息，或者直接下载恶意软件安装到系统中，来肆无忌惮地窃取医疗机构机密信息并破坏网络系统。

4. 勒索软件

勒索软件病毒会锁定系统或文件，除非支付给黑客赎金，否则设备无法使用。危重病人护理需要使用IT系统，如果重症监护过程因勒索软件而陷入停顿，患者生命就会受到极大威胁。

5. DDoS攻击

DDoS攻击是破坏性最强的网络攻击类型，是黑客们最常用的网络攻击方式之一，可以中断网络。这种攻击协同成百上千台计算机发起，造成网络或服务器流量过载，直至无法提供服务。

9.2.2 医疗卫生行业安全防护

1. 加强保密意识

为抵御数据泄露，医疗机构应加强保密意识，确保从病患到机构数据存储的每一个环节中所有数据的安全性，防止数据泄露。

2. 定期进行网络安全培训与应急演练

培训员工和管理层识别网络钓鱼邮件和规避恶意链接，避免遭到钓鱼威胁。定期开展网络安全相关培训与应急演练工作，培养相关人员的安全素养和安全意识，提高相关人员的专业知识水平和处理安全事件的能力。

3. 定期开展网络风险评估

定期开展周期性的网络安全风险评估工作，重点针对医疗信息系统进行渗透测试等技术评估。

4. 与专业高防服务商合作

与专业高防服务商合作，以确保医疗机构网络系统在遭遇DDoS攻击时能够及时防御，进而业务不受影响。

9.3　教育行业安全

9.3.1　教育网站安全

随着"互联网+教育"的深度融合和网络应用的不断创新，教育信息化逐渐成为国家信息化发展的重要组成部分。教育信息化应用系统为学校、教师、学生以及家长提供了巨大的便利，提高了教学管理的质量和效率。与此同时，教育信息化应用系统中存储着大量个人信息和数据，使得数据安全以及个人隐私泄露等问题成为当前教育网站安全的焦点。

9.3.2　校园网安全

校园网作为服务于学校教育、科研和行政管理的计算机信息网络，实现了校园内计算机联网、信息资源共享。

1. 校园网主要安全风险

（1）黑客攻击

校园网通过网络中心与Internet相连，在享受Internet方便快捷的同时，也面临着遭遇攻击的风险。黑客攻击活动日益猖獗，成为当今社会关注的焦点。典型的黑客攻击有入侵系统攻击、欺骗攻击、拒绝服务攻击、对防火墙的攻击、木马程序攻击、后门攻击等。黑客攻击不仅来自校园网外部，还有一部分来自校园网内部，由于内部用户对网络的结构和应用模式都比较了解，其对校园网的安全威胁会更大一些。

（2）安全漏洞影响

目前使用的软件尤其是操作系统或多或少都存在安全漏洞，对网络安全构成了威胁。现在网络服务器安装的操作系统有UNIX、Windows Server、Linux等，这些系统安全风险级别不同，UNIX因其技术较复杂通常是一些高级黑客对其进行攻击；而Windows Server操作系统由于得到了广泛应用，加上其自身安全漏洞较多，因此它受到更多黑客的攻击。在过去一段时期，冲击波病毒比较盛行，这个利用微软RPC漏洞进行传播的蠕虫病毒至少攻击了全球80%的Windows用户，使他们的计算机无法工作并反复重启，该病毒还引发了DoS（Denial of Service）攻击，使多个国家的互联网也受到相当大的影响。

（3）不良信息传播

在校园网接入Internet后，师生都可以通过校园网络进入Internet。Internet上各种信息良莠不齐，其中有些不良信息违反道德标准和有关法律法规，对人生观、世界观正在形成中的学生危害非常大。特别是中小学生，由于年龄小，分辨是非和抵御干扰能力较差，如果不采取切实可行的安全措施，势必会导致这些信息在校园内传播，侵蚀学生的心灵。

（4）病毒危害

学校接入广域网后，给大家带来方便的同时，也为病毒进入学校之门提供了方便，下载的程序、电子邮件都可能带有病毒。随着校园内计算机应用的大范围普及，接入校园网的节点数日益增多，这些节点大都没有采取安全防护措施，随时有可能造成病毒泛滥、信息丢失、数据损坏、网络被攻击、甚至系统瘫痪等严重后果。

（5）管理漏洞

一个健全的安全体系实际上应该体现的是"三分技术、七分管理"，网络的整体安全不是仅仅依赖各种技术先进的安全设备，更重要的是对人、对设备的安全管理，制定一套行之有效的安全管理制度，尤其重要的是加强对内部人员的管理和约束。由于内部人员对网络的结构、模式都比较了解，若不加强管理，一旦有人出于某种目的破坏网络，后果将不堪设想。

2. 校园网安全防护措施

校园网络安全直接影响学生的财产甚至生命安全，一旦出现问题，将会造成无法挽回的损失，因此，做好校园网络安全防护措施就显得尤其重要。

（1）校园贷安全防护措施

1）开展校园网贷的教育引导工作。各学院要积极开展以"防范非法集资、拒绝校园贷、提高安全意识"为主题的班会，让学生充分认识校园网贷的危害性，提高警惕，防止上当受骗。

2）广泛开展拒绝校园网贷的宣传活动。各学院利用宣传图片和视频，让学生切实明白网络贷款带来的危害及困扰。在学生中积极开展以"理性消费、拒绝校园贷"的活动，让学生远离不良网络贷款，树立正确的消费观念。

（2）校园刷单安全防护措施

天上不会掉馅饼，学生看到"刷单""刷信誉""刷信用"的网络兼职广告时要提高警惕，不要被蝇头小利所迷惑，骗子正是通过前几单返还本金并支付佣金来骗取信任的。发现被骗后，要在第一时间报警，并及时提供对方的电话号码、QQ、微信和淘宝账号等信息，为破案提供线索。

（3）快递信息泄露及诈骗安全防护措施

当接到所谓"退款"的客服电话、短信时，先要向所购买的商家或快递公司进行查询核实。退款事宜直接联系官方客服，不要登录陌生网页。网购退款不需要密码、验证码，更不需要向对方转账，如果有类似情况出现，一定要提高警惕。

网购填写个人信息时，尽量避免个人敏感信息。例如，收货地址可填写住宅附近的代收点、收货人填写昵称等。收到包裹时，应及时妥善对快递包装上的个人信息进行销毁。

不点击不明链接或扫描二维码，更不可在不明链接中填写个人身份信息及银行信息，以免遭遇钓鱼网站和木马病毒。对于陌生好友之间的金钱交易需谨慎，转账前先确认其身份，对于微信提醒存在交易风险的账号需谨慎对待。如果遭遇财产损失，第一时间拨打110报警。

9.3.3 教育行业安全防护

教育行业的网络安全形势十分严峻，并且教育行业发生的网络安全事件更容易引发社会舆论，因此，教育行业更加需要严格落实网络安全防护，具体包括：

1）制定完善的网络与信息安全建设规划与管理制度，并在实际工作中充分落实。

2）做好个人信息和重要数据的备份，避免各种故障或攻击导致数据丢失。

3）拒绝弱密码，并定期修改密码，不同的系统使用不同的账号密码，以防止"撞库"攻击。

4）广泛培养各级人员的网络安全意识，普及网络安全常识，提高网络安全防护能力。

9.4　交通运输行业安全

9.4.1　网约车安全

随着网约车平台的兴起，网约车成为许多人出行的首选，但是随之而来的网约车的安全问题也逐渐暴露。网约车虽然有要求司机实名登记进行身份验证以及行程跟踪等措施，但依旧存在注册信息不符的车辆，因此还是有可能出现意外事故的。

自网约车普及以来，如何加强安全监管已成为一个社会性话题，网约车安全问题一直以来都是人们关注的焦点。

1. 网约车安全风险

1）网约车迅速发展的同时，网约车管理始终没有严格规范，造成各种安全机制不健全和安全措施不到位。

2）网约车服务群体参差不齐，职业操守审查不严格，乘客人身安全无法得到充分保障。

3）用户信息泄露和隐私安全问题。不仅是乘客的信息安全，还有司机的隐私安全。平台的安全体系有待优化，各种信息泄露事件频发，用户缺乏足够的安全感会引发一系列的问题。

网约车目前已成为人们主要的出行方式之一，但监管手段、管理制度都存在安全隐患，数据安全和个人隐私保护也有待改进。

2. 网约车安全防范措施

搭乘网约车出行，必须做好相应的安全防范措施：

1）约车后查看平台司机信誉度及出行次数。如果司机信誉度较低，或者出行次数寥寥无几，便需提高警惕。

2）将乘车车牌号告诉家人或好友。上车后，把出行记录截图发给家人，并打电话告知自己的行程，这样司机听到后，即使图谋不轨也会有所顾忌。行驶过程中，把定位信息分享给家人。

3）尽量坐在后排。出行时如不是顺风车，可优先选择坐后排，这样司机即便想发动袭击也不方便，乘客可有缓冲时间求救或采取自救措施。

4）提前熟悉路线，注意司机绕行情况。司机绕行或者远远偏离既定路线，可询问司机缘由并要求司机停车。

5）乘车时尽量开一扇窗。一旦遇到司机图谋不轨，可及时对外求救。

6）不拼车。半路有人要求拼车，坚决做到不认识不拼车。

7）途中打起精神。途中注意观察司机，尤其是夜里时，注意不玩手机、不听音乐防止走神，特别强调的是不要打瞌睡。

8）财不外露。途中不要显露自己的身份及财务状况，以免勾起不法分子歹心。

9.4.2　轨道交通安全

近年来，我国轨道交通的发展日新月异。作为城市轨道交通运行的神经中枢，信息系统更是发挥着不可忽视的作用。随着计算机系统在信号系统中不断广泛、深入的应用，信息系统正朝着网络化、智能化的方向发展。保证信息系统网络及信息安全，成为城市轨道交通事业健康、快速、持续发展的关键所在。

1. 城市轨道交通网络安全现状

目前，世界各国城市轨道交通行车指挥系统都是建立在计算机网络、通信网络和信息网络的基础之上，其信号技术装备都具有数字化、网络化和智能化的特点。已有的和正在进行的关于我国城市轨道交通行车指挥系统的研究表明，建立在计算机网络、通信网络和信息网络之上的智能交通指挥系统，应具有良好的开放性、扩展性和可维护性。随着运行线路包含的信息点增多，业务系统如集成平台、门户网站、会议视频、RAMS资料查询管理等的开发和应用，网络管理和安全面临着更大的挑战，也引起了各部级门的重视。如何保证信息系统网络及信息安全可靠，成为城市轨道交通系统迫切需要解决的问题。

2. 轨道交通面临的网络安全风险

计算机网络应用和互联网的普及，给城市轨道交通信息网络增加了安全隐患，再加上城市轨道交通信号系统网络由大量的开放系统组成，这使得城市轨道交通信息网络与信息安问题更加突出。

（1）外部攻击的发展

随着信息技术的发展，黑客的攻击技术也不断进步，安全攻击的手段日趋多样，对于他们来说，入侵到某个系统、成功破坏系统完整性是很有可能的。

（2）内部威胁的加剧

为提高信息处理的速度和效率，城市轨道交通企业越来越多地采用无纸化办公，甚至把大量的企业密级信息以电子文档的形式存储在内网中。由于城市轨道交通信息网络的开放使用，内网违规使用的防止和监管对于网络正常运行来说就显得十分重要。

（3）应用软件的威胁

设备提供商提供的应用授权版本不可能十全十美，各种各样的后门、漏洞等问题都有可能出现。

（4）多种病毒的泛滥

城市轨道交通网络的众多用户基本上都是通过互联网访问城市轨道交通信息网络，而互联网上的许多资源藏有病毒，如网页病毒、邮件病毒等。当病毒侵入网络后，自动收集有用信息，如邮件地址列表、网络中传输的明文密码等，或是探测网内计算机的漏洞，然后据此向网内计算机传播。由于病毒在网络中大规模传播与复制，极大地消耗网络资源，严重时有可能造成网络拥塞、网络风暴甚至网络瘫痪，这是影响城市轨道交通网络安全的主要因素之一。

9.5 中小型企业网络安全

9.5.1 企业网络安全隐患

近年来，随着计算机技术的不断发展，网络在各行各业中得到了全面应用，不断改变着企业的发展进程，推动了企业的快速发展，为企业带来了丰厚的效益和便利。但是由于计算机网络连接形式的多样性、终端分布的不均匀性、网络的开放性和网络资源的共享性等因素，致使计算机网络容易遭受病毒、黑客、恶意软件的攻击，导致信息泄露、信息窃取、数据篡改、数据增删、计算机病毒感染等。当前，企业网络存在的安全隐患必须引起足够的重视。

1. 人为失误

例如，操作员安全配置不当造成安全漏洞、用户安全意识不强、用户密码选择不慎、用户将自己的账号随意转借他人或与别人共享等都会对网络安全带来威胁。

2. 人为攻击

来自内部的攻击者往往会对内部网安全造成最大的威胁，造成的损失最大，所以这部分攻击者应该成为要防范的主要目标。

3. 远程访问

大多数公司为了提高工作效率，会使用远程访问服务，例如TeamViewer和向日葵等远程访问工具。但没有人能保证远程访问者是远程访问的工作人员，有可能是企业原来的员工或网络犯罪分子。远程访问工具面临的最大隐患是文件传输，尤其令人不安的是，在远程会话过程中，大量的数据来回传输移动。因为大多数远程访问实用程序都具有加密措施，因此无法了解正在下载或上传的内容。

4. 软件漏洞

计算机软件存在的漏洞和缺陷恰恰是黑客进行攻击的首选目标。曾经出现过的黑客攻入网络内部的事件大部分就是因为软件漏洞。另外，软件的"后门"都是软件公司的设计编程人员为了自便而设置的，一般不为外人所知，可一旦"后门"打开，其造成的后果将不堪设想。

5. 计算机病毒

病毒是一段具有可自我再生复制能力的程序代码，病毒一旦进入运行进程中，利用计算机本身资源进行大量自我复制影响计算机软硬件的正常运转，破坏计算机数据信息，并在计算机网络内部反复地自我繁殖和扩散，危及网络系统正常工作，最终使计算机及网络系统发生故障和瘫痪。

6. 黑客的威胁和攻击

这是企业网络所面临的最大威胁，对手的攻击和计算机犯罪就属于这一类。此类攻击又可以分为两种：一种是网络攻击，以各种方式有选择地破坏对方信息的有效性和完整性；另一种是网络侦察，它是在不影响网络正常工作的情况下，进行截获、窃取、破译，以获得对方重要的机密信息。这两种攻击均可对计算机网络造成极大的危害，并导致机密数据泄露。

企业网络安全是当今社会的重要话题，企业网络承载了大量的数据和信息，而这些数据和信息是支撑企业正常运作的基本要素，企业网络的诸多安全隐患随时可能造成信息泄露、数据丢失，对企业和个人都极为不利。

9.5.2　企业网络安全措施

在移动互联网等技术的快速发展下，企业对于网络安全风险防范的需求与日俱增，采取合理的安全防范措施为企业网络安全提供有力支撑是焦点。关于企业网络安全防范措施，主要包括以下几个方面：

1. 企业内部安全管理

企业员工错误用网行为是企业网络安全的最大威胁之一。企业员工需定期参加网络安全意识培训，充分了解企业网络安全基本常识，并掌握正确的用网习惯。另外，需要明确企业网络安全具体责任人，将企业网络安全防护落实到位。

2. 安装安全软件

企业网络中的服务器及终端需强制要求安装杀毒软件及安全防护软件并及时更新，可以有效防止病毒在企业内部网络中传播。

3. 保障数据安全

企业的大量数据信息都是存放在企业网络的数据库中，因此要特别注意数据库的安全防护措施。一方面，要定期对数据库进行安全检查、对整个服务器环境进行检测和维护；另一方面，必须对数据库严格实施完整的数据备份方案。数据备份主要是应对突发情况的一种手段，以防止因硬件故障、机房突发情况以及黑客攻击等造成的企业数据信息丢失。

拓展阅读

勒索病毒攻击事件

2021年5月7日，美国最大成品油管道运营商Colonial Pipeline遭到网络攻击，该起攻击导致美国东部沿海主要城市输送油气的管道系统被迫下线。本次受影响的管道长约5 500英里（约8 851km），提供美国东部45%的燃料供应。5月7日Colonial Pipeline公司宣称遭到网络攻击事件，攻击者窃取了公司数据文件，Colonial Pipeline暂时关闭了所有管道运营；5月9日，美国交通运输部联邦汽车运输安全管理局（FMCSA）发布区域紧急状态声明，以便豁免使用汽车运输油料，否则按规定只能通过管道运输。

公开的信息显示此次攻击很可能属于网络犯罪，而非国家行为体。当前嫌疑攻击者是DarkSide组织。美国全国广播公司称遭到该勒索组织的攻击，在数据加密前，已有近100GB数据被窃取。Colonial公司表示，公司在调查发现确定为勒索软件攻击事件后，为预防事态进一步扩大，主动将关键系统脱机，以避免勒索软件进行横向渗透导致感染面积扩散，并聘请第三方安全公司进行调查。

在针对Colonial Pipeline公司的网络攻击中，Darkside勒索软件展现了其高效和复杂的技术能力。Darkside勒索软件使用了"RSA1024+Salsa20"这一加密算法，确保了文件加密的强度和安全性。同时，该软件具有跨平台感染能力，可以轻易地感染Windows和Linux系统，从而进一步扩大了其潜在的攻击范围。此次攻击中，Darkside采用了"窃密+勒索"的组合策略，不仅加密了Colonial Pipeline公司的用户数据，还窃取了这些数据信息。攻击者威胁称，如果不支付赎金，他们将公开这些数据，给受害者带来巨大的经济损失和声誉损害。

技术团队经过深入调查和分析发现，攻击者在此次攻击中使用了超过30台位于不同国家的跳板机和代理服务器。这些服务器的地理位置分布广泛，这种地理分布不仅有助于攻击者隐藏真实的攻击来源，还可以增加追踪和打击的难度。通过这些跳板机和代理服务器，攻击者能够灵活地调整攻击策略，实现对Colonial Pipeline网络系统的持续渗透和窃密。

一、单项选择题

1．为了保护企业的知识产权和其他资产，当终止与员工的聘用关系时，（　　）是最好的方法。

    A．进行离职谈话，让员工签署保密协议，禁止员工账号，更改密码

    B．进行离职谈话，禁止员工账号，更改密码

    C．让员工签署跨边界协议

    D．列出员工在解聘前需要注意的所有责任

2．下列说法正确的是（　　）。

    A．风险越大，越不需要保护　　　　　B．风险越小，越需要保护

    C．风险越大，越需要保护　　　　　　D．越是中等风险，越需要保护

3．以下（　　）给公司带来了最大的安全风险。

    A．临时工　　　　　B．咨询人员　　　　　C．以前的员工　　　　　D．当前的员工

4．Windows NT和Windows 2000系统能设置为在几次无效登录后锁定账号，可以防止（　　）。

    A．木马　　　　　　　　　　　　　　B．暴力破解

    C．IP欺骗　　　　　　　　　　　　　D．缓冲区溢出攻击

5．当你感觉到你的Windows 2003运行速度明显减慢，打开任务管理器后发现CPU使用率达到了100%，你认为你最有可能受到了（　　）攻击。

    A．缓冲区溢出攻击　B．木马攻击　　　　　C．暗门攻击　　　　　D．DoS攻击

6．用户收到了一封可疑的电子邮件，要求用户提供银行账户及密码，这是（　　）攻击手段。

    A．缓冲区溢出攻击　　　　　　　　　B．钓鱼攻击

    C．暗门攻击　　　　　　　　　　　　D．DDos攻击

7．良好的手机安全防护习惯对保障个人信息安全至关重要，下列各项中，不属于良好的手机安全防护习惯的是（　　）。

    A．玩游戏的手机终端和银行支付的手机终端分开

    B．不通过链接打开银行页面，只使用官方APP

    C．下载软件前认真阅读用户评论

    D．在公共WiFi场所使用银行账号等支付服务

二、简答题

1．互联网网站的主要安全隐患有哪些？

2．列举金融行业主要会遭受哪些网络攻击。

3．企业网络安全防护措施有哪些？

4．校园网存在哪些网络安全风险？

5．列举医疗卫生行业的主要安全风险。

模块10　网络安全法律法规

《中华人民共和国网络安全法》是我国在网络安全领域颁布的第一部法律，具有重要的法律地位和意义。该法律的颁布旨在保障网络安全，为网络安全立法工作奠定了基础。它并非网络安全立法的终点，而是起点。根据该法律规定，网络产品和服务必须符合相关国家标准的强制性要求，不得设置恶意程序。

网络安全等级保护经历了从无到有、从理论到实践、从行政规定到法律要求的发展过程，成为开展网络安全工作和应对网络安全威胁的基本工作方法。

本模块主要介绍了《中华人民共和国网络安全法》的基本框架及保障原则和制度；讲解了网络安全等级保护标准的发展历程、基本原则和等级保护工作内容，通过典型案例帮助学生理解网络安全法的相关内容，认识网络安全等级保护，避免违反相关法律法规。

本模块知识思维导图如图10-1所示。

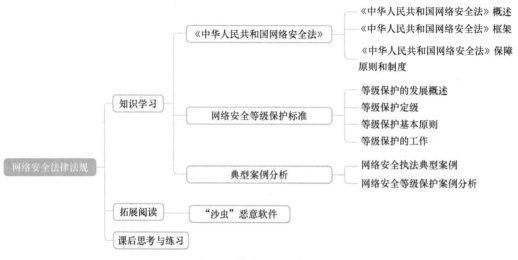

图10-1　模块知识思维导图

10.1 《中华人民共和国网络安全法》

2017年6月1日，我国首部网络安全领域的法律——《中华人民共和国网络安全法》正式施行。近年来，我国出台的网络安全相关法律法规主要有：《中华人民共和国密码法》《网络安全审查办法》《中华人民共和国数据安全法》《公共互联网网络安全威胁监测与处置办法》《中华人民共和国个人信息保护法》等。

10.1.1 《中华人民共和国网络安全法》概述

《中华人民共和国网络安全法》是为保障网络安全，维护网络空间主权和国家安全、社会公共利益，保护公民、法人和其他组织的合法权益，促进经济社会信息化健康发展制定。《中华人民共和国网络安全法》自2017年6月1日起施行，是我国第一部全面规范网络空间安全管理方面问题的基础性法律，是我国网络空间法治建设的重要里程碑，是依法治网、化解网络风险的法律重器，是让互联网在法治轨道上健康运行的重要保障。

《中华人民共和国网络安全法》解决了以下几个问题：一是明确了部门、企业、社会组织和个人的权利、义务和责任；二是规定了国家网络安全工作的基本原则、主要任务和重大指导思想、理念；三是将成熟的政策规定和措施上升为法律，为政府部门的工作提供了法律依据，体现了依法行政、依法治国要求；四是建立了国家网络安全的一系列基本制度，这些基本制度具有全局性、基础性等特点。

《中华人民共和国网络安全法》全文共7章79条，包括总则、网络安全支持与促进、网络运行安全、网络信息安全、监测预警与应急处置、法律责任和附则。

10.1.2 《中华人民共和国网络安全法》框架

第一章　总则：共十四条。简述本法的目的、范围、各部门及个人的责任义务和网络安全的总体要求等。

第二章　网络安全支持与促进：共六条。定义国家直属部门和政府在推动网络安全工作上的职责，鼓励和支持网络安全技术的研发与应用，鼓励企业、高校等教育培训机构开展网络安全相关教育与培训，采取多种方式培养网络安全人才。

第三章　网络运行安全：共十九条。第一节为一般规定，共十条，针对网络运营者提出网络运行安全要求与职责规定；第二节为关键信息基础设施的运行安全，共九条，针对关键信息基础设施提出安全规定与保护措施要求。

第四章　网络信息安全：共十一条。从三个方面要求加强网络数据信息和个人信息的安全：第一是要求网络运营者对个人信息采集和提取方面采取技术措施和管理办法，加强对公民个人信息的保护；第二是赋予监管部门、网络运营者、个人或组织的职责和权限并规范网络合规行为，彼此互相监督管理；第三是在有害或不当信息发布和传输过程中分别对监管者、网络运营商、个人和组织提出了处理办法。

第五章　监测预警与应急处置：共八条。将监测预警与应急处置工作制度化、法制化，明确国家建立网络安全监测预警和信息通报制度，建立网络安全风险评估和应急工作机制，制定网络安全事件应急预案，明确发生网络安全事件后的应急处置。

第六章　法律责任：共十七条。明确了网络运营者、关键信息基础设施运营者、网信部门和有关部门等的法律责任及处罚规定。

第七章　附则：共四条。为相关名词释义及其他附则。

10.1.3 《中华人民共和国网络安全法》保障原则和制度

1. 网络空间主权原则

《中华人民共和国网络安全法》第一条开宗明义，明确规定要维护我国网络空间主权。

第一条规定：为了保障网络安全，维护网络空间主权和国家安全、社会公共利益，保护公民、法人和其他组织的合法权益，促进经济社会信息化健康发展，制定本法。

第二条规定：在中华人民共和国境内建设、运营、维护和使用网络，以及网络安全的监督管理，适用本法。

2. 共同治理原则

《中华人民共和国网络安全法》第十四条赋予了个人和组织向有关部门举报危害网络安全行为的权利。

第十四条规定：任何个人和组织有权对危害网络安全的行为向网信、电信、公安等部门举报。收到举报的部门应当及时依法作出处理；不属于本部门职责的，应当及时移送有权处理的部门。

有关部门应当对举报人的相关信息予以保密，保护举报人的合法权益。

第二十八条和第六十九条规定了个人和组织有维护国家安全的责任义务。

第二十八条规定：网络运营者应当为公安机关、国家安全机关依法维护国家安全和侦查犯罪的活动提供技术支持和协助。

第六十九条　网络运营者违反本法规定，有下列行为之一的，由有关主管部门责令改正；拒不改正或者情节严重的，处五万元以上五十万元以下罚款，对直接负责的主管人员和其他直接责任人员，处一万元以上十万元以下罚款：

（一）不按照有关部门的要求对法律、行政法规禁止发布或者传输的信息，采取停止传输、消除等处置措施的；

（二）拒绝、阻碍有关部门依法实施的监督检查的；

（三）拒不向公安机关、国家安全机关提供技术支持和协助的。

3. 关键信息基础设施运行安全保护制度

信息化的深入推进，使关键信息基础设施成为社会运转的神经系统。保障这些关键信息系统的安全，不仅是保护经济安全，更是保护社会安全、公共安全乃至国家安全。《中华人民共和国网络安全法》强化了网络运行安全，重点保护关键信息基础设施，特别强调要保障关键信息基础设施的运行安全。

第五条规定：国家采取措施，监测、防御、处置来源于中华人民共和国境内外的网络安全风险和威胁，保护关键信息基础设施免受攻击、侵入、干扰和破坏，依法惩治网络违法犯罪活动，维护网络空间安全和秩序。

第三十一条规定：国家对公共通信和信息服务、能源、交通、水利、金融、公共服务、电子政务等重要行业和领域，以及其他一旦遭到破坏、丧失功能或者数据泄露，可能严重危害国家安全、国计民生、公共利益的关键信息基础设施，在网络安全等级保护制度的基础上，实行重点保护。关键信息基础设施的具体范围和安全保护办法由国务院制定。

国家鼓励关键信息基础设施以外的网络运营者自愿参与关键信息基础设施保护体系。

第三十七条规定：关键信息基础设施的运营者在中华人民共和国境内运营中收集和产生的个人信息和重要数据应当在境内存储。因业务需要，确需向境外提供的，应当按照国家网信部门会同国务院有关部门制定的办法进行安全评估；法律、行政法规另有规定的，依照其规定。

第六十六条规定：关键信息基础设施的运营者违反本法第三十七条规定，在境外存储网络数据，或者向境外提供网络数据的，由有关主管部门责令改正，给予警告，没收违法所得，处五万元以上五十万元以下罚款，并可以责令暂停相关业务、停业整顿、关闭网站、吊销相关业务许可证或者吊销营业执照；对直接负责的主管人员和其他直接责任人员处一万元以上十万元以下罚款。

第七十五条规定：境外的机构、组织、个人从事攻击、侵入、干扰、破坏等危害中华人民共和国的关键信息基础设施的活动，造成严重后果的，依法追究法律责任；国务院公安部门和有关部门并可以决定对该机构、组织、个人采取冻结财产或者其他必要的制裁措施。

4. 网络安全等级保护制度

《中华人民共和国网络安全法》将信息安全等级保护制度上升为法律。

第二十一条规定：国家实行网络安全等级保护制度。网络运营者应当按照网络安全等级保护制度的要求，履行下列安全保护义务，保障网络免受干扰、破坏或者未经授权的访问，防止网络数据泄露或者被窃取、篡改：

（一）制定内部安全管理制度和操作规程，确定网络安全负责人，落实网络安全保护责任；

（二）采取防范计算机病毒和网络攻击、网络侵入等危害网络安全行为的技术措施；

（三）采取监测、记录网络运行状态、网络安全事件的技术措施，并按照规定留存相关的网络日志不少于六个月；

（四）采取数据分类、重要数据备份和加密等措施；

（五）法律、行政法规规定的其他义务。

第五十九条规定：网络运营者不履行本法第二十一条、第二十五条规定的网络安全保护义务的，由有关主管部门责令改正，给予警告；拒不改正或者导致危害网络安全等后果的，处一万元以上十万元以下罚款，对直接负责的主管人员处五千元以上五万元以下罚款。

5. 网络安全监测预警和信息通报制度

第五十一条规定：国家建立网络安全监测预警和信息通报制度。国家网信部门应当统筹协调有关部门加强网络安全信息收集、分析和通报工作，按照规定统一发布网络安全监测预警信息。

第五十二条规定：负责关键信息基础设施安全保护工作的部门，应当建立健全本行业、本领域的网络安全监测预警和信息通报制度，并按照规定报送网络安全监测预警信息。

《中华人民共和国网络安全法》明确了发生重大突发事件可采取"网络通信管制"。

第五十八条规定：因维护国家安全和社会公共秩序，处置重大突发社会安全事件的需要，经国务院决定或者批准，可以在特定区域对网络通信采取限制等临时措施。

6. 网络安全事件应急响应

网络运营者应当制定网络安全事件应急预案，及时处置各种安全风险。

第二十五条规定：网络运营者应当制定网络安全事件应急预案，及时处置系统漏洞、计算机病毒、网络攻击、网络侵入等安全风险；在发生危害网络安全的事件时，立即启动应急预案，采取相应的补救措施，并按照规定向有关主管部门报告。

第五十三条规定：国家网信部门协调有关部门建立健全网络安全风险评估和应急工作机制，制定网络安全事件应急预案，并定期组织演练。

负责关键信息基础设施安全保护工作的部门应当制定本行业、本领域的网络安全事件应急预案，并定期组织演练。

网络安全事件应急预案应当按照事件发生后的危害程度、影响范围等因素对网络安全事件进行分级，并规定相应的应急处置措施。

7. 严厉打击网络诈骗

针对层出不穷的新型网络诈骗犯罪，《中华人民共和国网络安全法》也有相关规定。

第四十六条规定：任何个人和组织应当对其使用网络的行为负责，不得设立用于实施诈骗，传授犯罪方法，制作或者销售违禁物品、管制物品等违法犯罪活动的网站、通讯群组，不得利用网络发布涉及实施诈骗，制作或者销售违禁物品、管制物品以及其他违法犯罪活动的信息。

第六十七条规定：违反本法第四十六条规定，设立用于实施违法犯罪活动的网站、通讯群组，或者利用网络发布涉及实施违法犯罪活动的信息，尚不构成犯罪的，由公安机关处五日以下拘留，可以并处一万元以上十万元以下罚款；情节较重的，处五日以上十五日以下拘留，可以并处五万元以上五十万元以下罚款。关闭用于实施违法犯罪活动的网站、通讯群组。

单位有前款行为的，由公安机关处十万元以上五十万元以下罚款，并对直接负责的主管人员和其他直接责任人员依照前款规定处罚。

8. 用户信息保护制度

《中华人民共和国网络安全法》聚焦个人信息泄露，不但明确了网络产品服务提供者、运营者的责任，而且严厉打击出售贩卖个人信息的行为，对于保护公众个人信息安全将起到积极作用。

第二十二条规定：网络产品、服务具有收集用户信息功能的，其提供者应当向用户明示并取得同意；涉及用户个人信息的，还应当遵守本法和有关法律、行政法规关于个人信息保护的规定。

第四十一条规定：网络运营者收集、使用个人信息，应当遵循合法、正当、必要的原则，公开收集、使用规则，明示收集、使用信息的目的、方式和范围，并经被收集者同意。

网络运营者不得收集与其提供的服务无关的个人信息，不得违反法律、行政法规的规定和双方的约定收集、使用个人信息，并应当依照法律、行政法规的规定和与用户的约定，处理其保存的个人信息。

第四十二条规定：网络运营者不得泄露、篡改、毁损其收集的个人信息；未经被收集者同意，不得向他人提供个人信息。但是，经过处理无法识别特定个人且不能复原的除外。

网络运营者应当采取技术措施和其他必要措施，确保其收集的个人信息安全，防止信息泄露、毁损、丢失。在发生或者可能发生个人信息泄露、毁损、丢失的情况时，应当立即采取补救措施，按照规定及时告知用户并向有关主管部门报告。

《中华人民共和国网络安全法》第六十四条规定：网络运营者、网络产品或者服务的提供者违反本法第二十二条第三款、第四十一条至第四十三条规定，侵害个人信息依法得到保护的权利的，由有关主管部门责令改正，可以根据情节单处或者并处警告、没收违法所得、处违法所得一倍以上十倍以下罚款，没有违法所得的，处一百万元以下罚款，对直接负责的主管人员和其他直接责任人员处一万元以上十万元以下罚款；情节严重的，并可以责令暂停相关业务、停业整顿、关闭网站、吊销相关业务许可证或者吊销营业执照。

违反本法第四十四条规定，窃取或者以其他非法方式获取、非法出售或者非法向他人提供个人信息，尚不构成犯罪的，由公安机关没收违法所得，并处违法所得一倍以上十倍以下罚款，没有违法所得的，处一百万元以下罚款。

9. 网络实名制度

《中华人民共和国网络安全法》确定了网络实名制。

第二十四条规定：网络运营者为用户办理网络接入、域名注册服务，办理固定电话、移动电话等入网手续，或者为用户提供信息发布、即时通讯等服务，在与用户签订协议或者确认提供服务时，应当要求用户提供真实身份信息。用户不提供真实身份信息的，网络运营者不得为其提供相关服务。

国家实施网络可信身份战略，支持研究开发安全、方便的电子身份认证技术，推动不同电子身份认证之间的互认。

第六十一条规定：网络运营者违反本法第二十四条第一款规定，未要求用户提供真实身份信息，或者对不提供真实身份信息的用户提供相关服务的，由有关主管部门责令改正；拒不改正或者情节严重的，处五万元以上五十万元以下罚款，并可以由有关主管部门责令暂停相关业务、停业整顿、关闭网站、吊销相关业务许可证或者吊销营业执照，对直接负责的主管人员和其他直接责任人员处一万元以上十万元以下罚款。

《中华人民共和国网络安全法》第二十八条规定：网络运营者应当为公安机关、国家安全机关依法维护国家安全和侦查犯罪的活动提供技术支持和协助。

10.2　网络安全等级保护标准

10.2.1　等级保护的发展概述

1994年，国务院颁布的147号令《中华人民共和国计算机信息系统安全保护条例》规定我国计算机信息系统实行安全等级保护。《中华人民共和国网络安全法》第二十一条明确规定"国家实行网络安全等级保护制度"，将网络安全等级保护制度法治化，在法律层面明确了网络安全等级保护的地位。

1. 网络安全等级保护的定义

网络安全等级保护是指对网络（含信息系统、数据等）实施分等级保护、分等级监管，对网络中使用的网络安全产品实行按等级管理，对网络中发生的安全事件分等级响应、处置。

开展等级保护工作出现了新的问题。为适应新应用、新技术的发展，解决云计算、大数据、物联网、移动互联和工业控制系统开展等级保护工作中存在的问题，等级保护系列标准进行修订。

2. 网络安全等级保护的核心内涵

网络安全等级保护工作是在国家政策的统一指导下，依据国家制定的网络安全等级保护管理规范和技术标准，组织公民、法人和其他组织对网络和信息系统分等级实行安全保护。

《中华人民共和国网络安全法》中明确规定：网络运营者应当按照网络安全等级保护制度的要求，履行下列安全保护义务，保障网络免受干扰、破坏或者未经授权的访问，防止网络数据泄露或者被窃取、篡改。

网络安全等级保护根据信息系统被侵害的程度分成5个保护等级，每个保护等级都必须落实相应的安全工作要求。其中，第五级安全要求最高，第一级安全要求最低。开展网络安全等级保护工作还包括5个规定动作，即定级、备案、建设整改、等级测评、监督检查。

信息系统安全等级测评是验证信息系统是否满足相应安全保护等级的评估过程。等级保护要求不同安全等级的信息系统应具有不同的安全保护能力，一方面通过在安全技术和安全管理上选用与安全等级相适应的安全控制来实现；另一方面分布在信息系统中的安全技术和安全管理上不同的安全控制，通过连接、交互、依赖、协调、协同等相互关联关系，共同作用于信息系统的安全功能，使信息系统的整体安全功能与信息系统的结构以及安全控制间、层面间和区域间的相互关联关系密切相关。

3. 网络安全等级保护发展历程

随着信息技术的不断发展，网络安全问题日益凸显。网络安全等级保护制度作为保障国家网络安全的重要措施，经历了起步、发展、完善和深化四个阶段。

（1）起步阶段

在网络安全等级保护制度的起步阶段，主要工作是制定和颁布相关法律法规，明确网络安全管理的责任和义务。1994年，《中华人民共和国计算机信息系统安全保护条例》颁布，标志着我国网络安全等级保护制度正式启动。此后，国家陆续出台了一系列法规文件，为网络安全等级保护制度的实施提供了法律保障。

（2）发展阶段

国家对网络安全等级保护制度进行了全面规划和设计。2007年6月，《信息安全等级保护管理办法》（公通字[2007]43号）发布，明确了信息安全等级保护的基本内容、实施流程及工作要求。2008年等级保护核心标准GB/T 22240—2008《信息安全技术 信息系统安全等级保护定级指南》和GB/T 22239—2008《信息安全技术 信息系统安全等级保护基本要求》

发布。2009年7月起，公安部组织开展网络安全等级保护测评体系建设，于2010年3月发布了《关于推动信息安全等级保护测评体系建设和开展等级测评工作的通知》，为全面推进等级保护测评工作的开展指明方向，并提出了等级保护工作的阶段性目标。2010年12月，公安部联合国务院国有资产监督管理委员会出台《关于进一步推进中央企业信息安全等级保护工作的通知》要求中央企业贯彻落实等级保护制度，各行业网络安全等级保护工作全面展开，进入规模化深入推进阶段。

（3）完善阶段

国家对网络安全等级保护制度进行了全面评估和改进。2014年3月，公安部组织开展信息技术领域等级保护主要标准的申报、修订工作，等级保护正式进入2.0时代，简称"等保2.0"。2016年，公安部会同有关部门制定了《信息安全等级保护条例（修订版）》，进一步完善了网络安全等级保护制度，提高了网络安全防护能力。同时，国家还加强了对网络安全等级保护制度的监督和管理，推动了网络安全等级保护制度的有效实施。

（4）深化阶段

2017年6月《中华人民共和国网络安全法》颁布，将网络安全等级保护制度上升为国家法律，进一步强化了网络安全管理的法律地位。同时，国家还加强了对关键信息基础设施的保护力度，提高了网络安全防护水平。此外，国家还加强了对云计算、大数据等新兴技术的安全保护，推动了网络安全等级保护制度在新技术领域的应用和发展。

2019年5月，正式开启等保2.0全新实施阶段，等保1.0时代的标准被宣布废止。2019年5月10日网络安全等级保护"三大核心标准"正式批准发布，即GB/T 22239—2019《信息安全技术　网络安全等级保护基本要求》、GB/T 25070—2019《信息安全技术　网络安全等级保护安全设计技术要求》和GB/T 28448—2019《信息安全技术　网络安全等级保护测评要求》。

10.2.2　等级保护定级

在《信息安全等级保护管理办法》中明确指出，国家信息安全等级保护实行自主定级、自主保护的原则。信息系统的安全保护等级应根据信息系统在国家安全、经济建设、社会生活中的重要程度，以及信息系统遭到破坏后对国家安全、社会秩序、公共利益以及公民、法人和其他组织的合法权益的危害程度等因素确定。根据等级保护相关管理文件，等级保护对象的安全保护等级分五个等级，分别为一级、二级、三级、四级和五级。其中，五级为最高等级，适用于包括核心军事、政治、经济等领域的重要信息系统和网络；一级则为最低等级，适用于一般的企业和个人用户，最常见的是三级。

第一级：信息系统受到破坏后，会对公民、法人和其他组织的合法权益造成损害，但不损害国家安全、社会秩序和公共利益。该级别是等保中最低的级别，无需测评，提交相关申请资料，公安部门审核通过即可。

第二级：信息系统受到破坏后，会对公民、法人和其他组织的合法权益产生严重损害，或者对社会秩序和公共利益造成损害，但不损害国家安全。该级别适用于地级市各机关、事业单位及各类企业的系统应用，例如网上各类服务的平台（尤其是涉及个人信息认证的平台）、市级地方机关、政府网站等。国家信息安全监管部门对该级信息系统安全等级保护工作进行指导。

第三级：信息系统受到破坏后，会对社会秩序和公共利益造成严重损害，或者对国家安全造成损害。该级别适用于地级市以上的国家机关、企业、事业单位的内部重要信息系统，例如省级政府官网、银行官网等。国家信息安全监管部门对该级信息系统安全等级保护工作进行监督、检查。

第四级：信息系统受到破坏后，会对社会秩序和公共利益造成特别严重损害，或者对国家安全造成严重损害。该级别适用于国家重要领域、涉及国家安全、国计民生的核心系统，例如中国人民银行。国家信息安全监管部门对该级信息系统安全等级保护工作进行强制监督、检查。

第五级：信息系统受到破坏后，会对国家安全造成特别严重损害。该等级一般应用于国家的机密部门。国家信息安全监管部门对该级信息系统安全等级保护工作进行专门监督、检查。

信息系统建设完成后，运营、使用单位或者其主管部门应当选择符合本办法规定条件的测评机构，依据相关技术标准，定期对信息系统安全等级状况开展等级测评。第三级信息系统应当每年至少进行一次等级测评，第四级信息系统应当每半年至少进行一次等级测评，第五级信息系统应当依据特殊安全需求进行等级测评。

10.2.3 等级保护基本原则

GB/T 25058—2019《信息安全技术 网络安全等级保护实施指南》中明确了以下基本原则：

自主保护原则：等级保护对象运营、使用单位及其主管部门按照国家相关法规和标准，自主确定信息系统的安全保护等级，自行组织实施安全保护。

重点保护原则：根据等级保护对象的重要程度、业务特点，通过划分不同安全保护等级的等级保护对象，实现不同强度的安全保护，集中资源优先保护涉及核心业务或关键信息资产的等级保护对象。

同步建设原则：等级保护对象在新建、改建、扩建时应当同步规划和设计安全方案，投入一定比例的资金建设网络安全设施，保障网络安全与信息化建设相适应。

动态调整原则：应跟踪信息系统的变化情况，调整安全保护措施。由于定级对象的应用类型、范围等条件的变化及其他原因，安全保护等级需要变更的，应当根据等级保护的管理规范和技术标准的要求，重新确定定级对象的安全保护等级，根据其安全保护等级的调整情况，重新实施安全保护。

10.2.4 等级保护的工作

1. 等级保护的工作范畴

等级保护对象通常是指由计算机或者其他信息终端及相关设备组成的按照一定的规则和程序对信息进行收集、存储、传输、交换、处理的系统。这些对象主要包括信息系统、通信网络设施和数据资源。信息系统是指由计算机硬件、软件、存储设备、网络设备、人员以及相应的管理制度和工作流程组成的，用于处理信息的各种系统。通信网络设施则包括各种用于构建、维护和保障通信网络的物理设备和设施。数据资源则涵盖了所有具有历史价值、科学价值、艺术价值和社会文化价值等各类信息资源。

等级保护2.0将定级对象分为基础信息网络、信息系统和其他信息系统，其中信息系统再细分为工业控制系统、物联网、大数据、移动互联以及云计算平台。基础信息网络主要包括电信网、广播电视传输网、互联网等基础信息网络。依据服务类型、服务地域和安全责任主体等因素将其划分为不同的定级对象。跨省全国性业务专网可作为一个整体对象定级，也可以分区域划分为若干个定级对象。

其他信息系统应具有如下基本特征：

1）具有确定的主要安全责任单位。作为定级对象的信息系统应能够明确其主要安全责任单位。

2）承载相对独立的业务应用。作为定级对象的信息系统应承载相对独立的业务应用，完成不同业务目标或者支撑不同单位或不同部门职能的多个信息系统应划分为不同的定级对象。

3）具有信息系统的基本要素。作为定级对象的信息系统应该是由相关的和配套的设备、设施按照一定的应用目标和规则组合而成的多资源集合，单一设备（如服务器、终端、网络设备等）不单独定级。

2. 等级保护的工作流程

网络安全等级保护工作是在网络安全主管部门、行业主管部门、网络运营者、网络安全服务商、网络安全等级保护测评机构等多方协同配合下完成，等级保护是一项涵盖定级、备案、建设整改、等级测评和监督检查五大规定动作的工作。

等级保护的工作流程大概可以分为以下几个步骤：

（1）确定信息系统范围

确定需要进行等级保护测评对象或信息系统范围，如网络、系统、应用、数据等。在确定范围时，应考虑到系统的实际情况和安全需求，以确保所有的重要信息和资源都得到充分保护。除此之外，该阶段也是测评准备活动阶段，包括签订《合作合同》与《保密协议》等相关文档，以及进行测评前的准备工作等。

（2）确定等级保护级别

运营或使用单位针对信息系统的重要性和所面临的安全威胁，依据《网络安全等级保护定级指南》进行初步定级、专家评审、主管部门审批、公安机关备案审查，最终确定其安全保护等级。

等级保护对象的级别主要由两个定级要素决定：一是受侵害的客体，二是对客体的侵害程度。安全保护等级由业务信息安全等级和系统服务安全等级的较高者来确定定级。例如，对于涉及国家安全、社会稳定等重要领域的信息系统，其安全保护等级通常会被确定为更高的等级。

各级别的保护强度不同，应根据信息系统的实际情况选择合适的级别。等级保护整体分为五个等级，其中一级和二级的对象为一般系统，三级和四级的对象为重要系统，第五级的对象为极端重要系统。这五个等级的监管程度分别为自主保护级、指导保护级、监督保护级、强制保护级和专控保护级。

（3）进行系统安全风险评估

1）制定评测方案。

确定与被测信息系统相适应的测评指标及测评内容等，并根据需要开发测评实施手册，形成测评方案。测评方案需要明确测评的目标、内容和方法，具备详细的工作计划和时间表，包括具体的防护措施、技术手段和安全管理策略等。根据每个测评对象的实际情况，选择适合的评估方法（如漏洞扫描、渗透测试等）来发现并评估潜在的安全风险和漏洞。同时，应考虑到方案的可行性和可操作性，并制定应对突发情况的应急预案，确保在测评过程中能够及时处理任何可能出现的问题，以确保方案能够有效地实施。

2）全面评估与防范。

使用各种技术手段和工具对所选对象的安全性、可靠性和稳定性等方面进行全面评估，以发现潜在的安全漏洞和风险，包括对系统的物理环境、网络架构、应用软件等进行深入的检查和分析。同时，还需要对系统的安全管理制度、操作规范等进行评估，以确保系统的安全性能够得到持续保障。例如，对系统进行漏洞扫描，检查是否存在已知的漏洞；进行渗透测试，模拟黑客攻击来测试系统的安全性。此外，还会进行源代码审查、配置核查等操作，以便更全面地了解系统的安全状况。在评估过程中，应考虑到各种潜在的安全威胁和风险，并采取相应的措施进行防范和应对，包括安装防火墙、入侵检测系统、数据加密等安全设备和技术手段。同时，还应加强用户身份认证和权限管理，建立完善的安全管理制度和操作规范。

（4）进行安全审计和监测

在实施安全保护措施后，应定期进行安全审计和监测，包括对系统的安全性、可靠性、稳定性等方面进行全面检查和评估。同时，还应及时发现和处理潜在的安全威胁和漏洞，确保系统的安全性得到持续保障。

（5）持续优化安全管理

随着时间的推移和技术的发展，信息系统的安全需求也会发生变化。网络运营者应当每年对本单位落实网络安全等级保护制度情况和网络安全状况至少开展一次自查，发现安全风险隐患及时整改，并向备案的公安机关报告。

三级网络每年做测评，二级网络每年要向公安机关提交一份自查报告。公安机关对第三级以上网络运营者每年至少开展一次安全检查。涉及相关行业的可以会同其行业主管部门开展安全检查。必要时，公安机关可以委托社会力量提供技术支持。

等级保护工作是一项系统性、复杂性和长期性的任务。在实施等级保护工作时，应全面考虑信息系统的实际情况和安全需求，并采取科学的方法和措施进行全面保障。同时，还应加强沟通和协作，确保各项任务能够顺利完成并取得良好的效果。因此，应定期进行安全评估和升级，以确保系统的安全性始终与当前的安全需求相匹配。建立完善的安全管理体系和操作规范，加强用户教育和培训，提高用户的安全意识和操作技能。同时，还应定期对安全管理制度和操作规范进行检查和更新，以确保其与当前的安全需求相符合。

10.3　典型案例分析

10.3.1　网络安全执法典型案例

1. 广元市某企业不履行个人信息保护义务案

案例背景：2021年7月，广元市公安机关在工作中发现某企业未按约加强对签约代理商的安全培训和日常监管，未采取必要的监管和技术措施保护公民个人信息，致使签约代理商员工利用职务之便，在为客户办理手机号开卡及其他通信业务时，违规向他人提供客户手机号码和短信验证码，恶意注册、出售网络账号，并非法获利，造成公民个人信息严重受损，该企业涉嫌不履行个人信息保护义务。

执法处理：广元市公安机关依据《中华人民共和国网络安全法》第二十二条、第四十一条和第四十六条规定，对该企业处行政警告处罚，对该企业签约代理商员工李某某、违法行为人赵某某、罗某某、舒某某分别立为刑事案件和行政案件进行侦查和查处。

案件警示：企业在开展业务过程中获取并留存大量公民个人信息，安全保护措施的落实情况直接关系到公民个人信息安全，企业对数据信息保护措施落实不到位，责任领导和工作人员漠视管理制度，造成危害后果必将受到法律严惩。

2. 非法利用网络

案例背景：2020年6月至2021年4月，吴某多次使用自己的微信号在微信群、朋友圈中发布回收、贩卖驾驶证分等具有违法性质的信息，总浏览量达两千余次。

执法处理：公安机关依据《中华人民共和国网络安全法》第四十六条、第六十七条规定，对利用网络发布违法活动信息的吴某处以行政拘留2日。

案件警示：任何个人和组织应当对其使用网络的行为负责，不得设立用于实施诈骗，传授犯罪方法，制作或者销售违禁物品、管制物品等违法犯罪活动的网站、通讯群组，不得利用网络发布涉及实施诈骗，制作或者销售违禁物品、管制物品以及其他违法犯罪活动的信息。

3. 侵犯个人信息

案例背景：某网络公司开发了"种某地APP"，向用户提供农业技术信息。公安机关检查发现，该APP在未向用户明示的情况下获取了手机精准定位、写入外置存储器、拍摄、读取通讯录等9项权限，已采集了大量的身份证号、手机号、位置、IMEI号等个人信息。

执法处理：针对该网络公司超范围收集公民个人信息的违法行为，公安机关依据《中华人民共和国网络安全法》第四十一条对其做出罚款1万元的行政处罚。

案件警示：网络运营者收集、使用个人信息，应当遵循合法、正当、必要的原则，公开收集、使用规则，明示收集、使用信息的目的、方式和范围，并经被收集者同意。网络运营者不得收集与其提供的服务无关的个人信息，不得违反法律、行政法规的规定和双方的约定收集、使用个人信息，并应当依照法律、行政法规的规定和与用户的约定，处理其保存的个人信息。

10.3.2 网络安全等级保护案例分析

1. 某学校网站未按规定开展等级保护工作

案例背景： 2017年8月12日，安徽蚌埠市某教师进修学校网站因网络安全等级保护制度落实不到位，遭黑客攻击入侵。蚌埠市公安局网安支队调查案件时发现，该网站自上线运行以来，始终未进行网络安全等级保护的定级备案、等级测评等工作，未落实网络安全等级保护制度，未履行网络安全保护义务。

执法处理： 根据《中华人民共和国网络安全法》第二十一条、第五十六条和第五十九条规定，省公安厅网络安全保卫总队约谈该学校法定代表人和当地政府分管领导，蚌埠市局网安支队依法对网络运营单位处以一万五千元罚款，对负有直接责任的副校长处以五千元罚款。

案件警示： 《中华人民共和国网络安全法》明文规定，国家实行网络安全等级保护制度。网络运营者应当按照网络安全等级保护制度的要求，履行安全保护义务，保障网络免受干扰、破坏或者未经授权的访问，防止网络数据泄露或者被窃取、篡改。第二级及以上信息系统建设完成后，除依法应当到公安机关进行等级保护备案外，还应当依据国家规定的技术标准，对信息系统的安全等级状况开展等级保护测评，且测评合格后方可投入运行使用。

2. 某医院第三级等保系统未落实"每年至少进行一次等级保护测评"法定义务

案例背景： 2022年9月，警方在工作中发现某医院建设运营的"电子病历EMR系统"确定为三级网络，并于2020年6月按规定到公安机关进行了网络安全等级保护备案。但该系统自投入运行以来，医院一直未按规定对其安全等级状况开展等级保护测评，经公安机关督促整改后仍未进行改正，且医院的相关负责人员对该信息系统的安全情况完全不了解、不清楚，更没有对系统安全风险及时进行排查整改，未落实网络安全等级保护制度，未履行网络安全保护义务，违反了《信息安全等级保护管理办法》第十四条规定。

执法处理： 根据《信息安全等级保护管理办法》第四十条规定，警方对该医院作出行政处罚，并责令其限期改正。

案件警示： 医疗卫生、教育行业等领域信息系统众多，且承载了大量的个人敏感信息和重要数据，是网络安全保护的重要行业，也是网络安全等级保护工作的重点对象。根据《信息安全等级保护管理办法》的规定，信息系统建设完成后，运营、使用单位应当依据国家相关技术标准，定期对信息系统安全等级状况开展等级保护测评，且第三级信息系统应当每年至少进行一次等级保护测评。各网络运营者均要严格遵守相关法律法规规定，严格落实网络安全等级保护定级、备案、测评等法定要求，建立健全内部安全管理制度和操作规程，落实网络安全保护责任，采取相关技术措施，保障信息系统安全稳定运行。

3. 网络安全等级保护角色分工

案例背景： 某高校为提升师生办公、学习效率，利用现代通信技术、办公自动化设备和电子计算机系统或工作站来实现事务处理、信息处理和决策支持的综合自动化，拟建设一套OA系统。为保证OA系统安全性、稳定性及可用性，需对OA系统开展网络安全等级保护工作。分析开展网络安全等级保护工作，各角色需要做些什么？

角色分工： 在开展网络安全等级保护工作的各阶段，各角色参与情况具体如下：

（1）定级

为保证OA系统的安全性，学校信息中心（网络运营使用者）需根据OA系统的受众和将来所处理信息的重要性确定系统安全等级，完成定级工作。该阶段信息中心可邀请网络安全服务机构（网络安全集成商、安全厂商或测评机构）协助办理。

（2）备案

学校信息中心负责人在完成定级工作后，邀请等级保护专家组进行定级评审，并报主管部门审核，例如教育部所属高校可报教育部科学技术与信息化司进行审核，最后报公安机关审核，例如学校属地网安大队。

（3）建设整改

对OA系统完成定级备案工作后，根据相应等级安全需求设计安全建设方案，可邀请第三方网络安全服务机构进行设计，并完成由网络安全产品供应商提供的网络安全产品的采购和部署，结合安全管理制度的设计，完成OA系统等级保护建设整改工作。

（4）等级测评

在OA系统上线验收或运行过程中需根据公安机关或其他主管部门的要求定期开展等级测评工作，学校信息中心可委托第三方等级测评机构对OA系统开展测评工作。

（5）监督检查

OA系统通过等级测评投入运营后，可由学校信息中心或第三方网络安全服务商对OA系统进行安全运维以保证系统的安全性、稳定性和可用性，同时公安机关或教育部信息化司会对学校网络安全等级保护的执行情况进行定期的监督检查。

拓展阅读

"沙虫"恶意软件

Sandworm（沙虫）黑客组织也称为Voodoo Bear（巫毒熊）。Bleeping Computer资讯网站披露，疑似黑客组织Sandworm伪装成电信提供商，向用户投放Colibri loader和Warzone RAT等攻击载荷。

"沙虫"黑客组织使用最显著的是恶意软件和命令与控制（C2）基础设施。"沙虫"多起活动旨在将Colibri Loader和Warzone RAT（远程访问木马）等大众化恶意软件部署到关键系统上。Colibri Loader由Insikt Group于2021年8月首次报告，它是用汇编语言和C语言编写的，旨在攻击没有任何依赖关系的Windows操作系统，它是在XSS论坛上租用的大众化恶意软件。

2022年3月，Cloudsek的研究人员称Colibri Loader采用"多种有助于避免检测的技术"，是"一种用于将更多类型的恶意软件加载到受感染系统上的恶意软件"。Warzone RAT是一种流行的大众化远程访问工具，自2018年以来一直在积极开发中，该恶意软件号称是使用C/C++开发的功能齐全的RAT，声称"易于使用，且高度可靠"。

1. 恶意软件

Colibri Loader

Colibri Loader是一种恶意软件加载器，主要任务是下载和执行其他恶意软件组件。通常用于初始化攻击过程，通过它可以下载并安装更复杂的恶意软件，如Warzone RAT。

Warzone RAT

Warzone RAT是一种功能强大的恶意软件，用于远程控制和监视受害者的计算机。它能窃取个人信息、记录键盘输入、捕获屏幕截图、监控网络通信等。黑客可以通过Warzone RAT完全控制受害者的系统，从而执行各种恶意活动。

2．命令与控制（C2）基础设施

伪装的动态DNS域

黑客通过注册和使用伪装成电信服务提供商的动态DNS域来建立其C2服务器，用于接收来自受害计算机的信息，发送控制指令，以及分发新的恶意软件组件。

Web服务器和网页

为了诱使受害者下载和执行恶意软件，黑客设置了伪装成电信服务提供商的Web服务器和网页。网页通常以军事或行政通知为主题，以提高受害者的信任度，并包含诱骗用户下载恶意ISO文件的链接。

ISO文件

作为攻击的一部分，黑客创建了伪装的ISO文件，并通过网页链接提供给受害者下载。这些ISO文件在受害者计算机上执行时，会释放并安装恶意软件，从而建立起与C2服务器的通信，并允许黑客远程控制受害者的计算机。

课后思考与练习

一、单项选择题

1．根据《网络安全等级保护定级指南》，信息系统的安全保护等级由（　　）定级要素决定。

  A．威胁、脆弱性

  B．系统价值、风险

  C．信息安全、系统服务安全

  D．受侵害的客体、对客体造成侵害的程度业务

2．我国的国家秘密分为（　　）级。

  A．3   B．4   C．5   D．6

3．1994年我国颁布的第一个与信息安全有关的法规是（　　）。

  A．国际互联网管理备案规定

  B．计算机病毒防治管理办法

  C．网吧管理规定

  D．中华人民共和国计算机信息系统安全保护条例

4．故意制作、传播计算机病毒等破坏性程序，影响计算机系统正常运行，后果严重的，将受到（　　）处罚。

  A．处五年以下有期徒刑或者拘役   B．拘留

    C．罚款　　　　　　　　　　　　D．警告

5．信息安全等级保护的5个级别中，（　　　）是最高级别，属于关系到国计民生的最关键信息系统的保护。

    A．强制保护级　　　B．专控保护级　　　C．监督保护级　　　D．指导保护级

二、简答题

1．关键基础设施主要指的是哪些行业和领域？

2．网信部门的主要职责是什么？

3．《中华人民共和国网络安全法》的主要亮点有哪些？

4．信息安全等级保护工作主要包括哪几个阶段？

5．等级保护分级共有几级？每一级的基本要求是什么？

参 考 文 献

[1] 孙涛，高峡，梁会雪. 网络安全等级保护原理与实践[M]. 北京：机械工业出版社，2022.

[2] 林嘉燕，李宏达. 信息安全基础[M]. 北京：机械工业出版社，2022.

[3] 胡国胜，张迎春，宋国徽. 信息安全基础[M]. 2版. 北京：电子工业出版社，2019.

[4] 网络安全技术联盟. 网络安全工具攻防实战：从新手到高手[M]. 北京：清华大学出版社，2023.

[5] 网络安全技术联盟. 网络安全渗透攻防实战：从新手到高手[M]. 北京：清华大学出版社，2023.

[6] 网络安全技术联盟. WEB安全攻防实战：从新手到高手[M]. 北京：清华大学出版社，2023.

[7] 曹元大. 入侵检测技术[M]. 北京：人民邮电出版社，2009.

[8] 管晨，王大鹏. 社会工程：安全体系中的人性漏洞[M]. 2版. 北京：人民邮电出版社，2022.

[9] 董洁. 计算机信息安全与人工智能应用研究[M]. 北京：中国原子能出版社，2022.

[10] 张瑜. 计算机病毒学[M]. 北京：电子工业出版社，2022.

[11] 袁津生，吴砚农. 计算机网络安全基础[M]. 北京：机械工业出版社，2023.

[12] 刘洪亮，杨志茹. 信息安全技术[M]. 北京：人民邮电出版社，2023.